U0010927

雙北巷弄隱食

布咕布咕◎文・攝影

在地人都不一定知道的
大臺北隱藏版美食
人氣美食部落客
口袋名單不藏私

① 隱藏版攤車美食—社子島第一辣

　　順著延平北路直行至社子與社子島一帶，這裡雖然腹地不大，卻藏了不少讓人回味無窮的美味小吃；在工廠林立的道路旁，以大型帆布棚架及簡單座椅搭建而成的小吃攤，吸引著許多饕客慕名前來。

　　小攤車賣的都是臺灣傳統小吃，像是肉圓、油粿、甜不辣和大腸麵線等，你也許會問：「這些都是常見的小吃，到底有什麼獨特呢？」

　　其實不管你點的是什麼，一定不能少的就是老闆自製的醬料—「真正香」和「真正辣」，以油蔥調製成的「真正香」恰如其名，香氣誘人，加入肉圓或麵線中更能帶出食物的美味，而喜歡辣味的朋友則不能錯過「真正辣」，但要注意的是這個辣醬真的辣勁十足，小心無法招架啊！

INFO

🏠 地址：臺北市士林區延平北路七段150巷口
🕐 營業時間：11:00～20:00
◉ 推薦：「真正香」醬料

市場裡的老店──老牌香菇赤肉焿

　　在社子市場裡有許多歷史久遠的老店，這間以雞肉飯、魯肉飯及赤肉焿為主的小吃店，隱身在不起眼的陰暗巷弄裡，上門的顧客卻是絡繹不絕。

　　入內點了一碗雞肉飯及香菇赤肉焿，雞肉飯的米飯粒粒分明，醬汁充滿雞油的香氣卻不會過分油膩，雞肉絲也沒有乾柴的問題，是一碗味道與口感兼具的簡單佳餚；香菇赤肉焿裡的肉焿則是以瘦肉直接裹粉，薄薄的沾粉沒有厚重的勾芡感，能嚐到豬肉本身的鮮甜味，搭配湯頭亦是相當不錯的組合。

INFO

🏠 地址：臺北市士林區社中街 15 號
📞 電話：（02）2812-2751
🕐 營業時間：16:30 ～ 24:00
⭐ 推薦：雞肉飯

25 元的絕品豆花—古早味豆花

　　現在要找一碗 25 元的豆花已不多見，然而這間豆花店不僅價格便宜，味道更是沒話說，這也讓許多人在放學、下班，或三不五時想吃個甜品就會前來光顧，儘管老闆手腳相當俐落，有時仍不免需要排隊呢！

　　招牌上各式配料與豆花的組合都是均一價 25 元，布咕先生選了 15 號的豆花搭配花生、綠豆、粉圓，一碗豆花有這麼豐富的配料，價格卻非常親民，重點是豆花口感綿密，花生及綠豆熬煮得軟爛入味，粉圓則十分 Q 彈，整體水準相當高。

　　推薦大家不妨來嚐嚐，如果布咕先生住在附近的話，應該會每天都想來上一碗～清涼又消暑啊！

INFO

🏠 地址：臺北市士林區社正路 5 號
📞 電話：0916-443-947
🕐 營業時間：12:00 ～ 22:00

經典老字號冰品──以利泡泡冰

　　遠近馳名、開業超過一甲子的以利泡泡冰，位於人潮喧鬧的士林中正路與華榮街傳統市場路口，店內除了各式招牌口味的泡泡冰，也有果汁、刨冰與甜湯可供選擇，是曝曬在炙熱豔陽下最佳的消暑聖品，此外，在冬季亦有熱豆花、燒仙草、燒麻糬等甜品。

　　店內空間涵蓋一、二樓，雖然需要排隊點單，卻不必擔心沒有座位唷！布咕先生造訪了幾次，始終對以利的花生泡泡冰情有獨鍾，原因無他，花生的濃郁香氣，加上泡泡冰專屬的綿密口感，真的會讓你愛不釋手、一口接著一口。在酷熱的盛夏來到士林，別忘了順道品嚐這傳承已久的經典泡泡冰！

INFO

🏠 地址：臺北市士林區中正路 284 號
📞 電話：（02）2832-7909
🕐 營業時間：10:00 ～ 23:00
⭐ 推薦：花生泡泡冰

招牌泡泡冰系列

花生花豆泡泡冰　　情人果泡泡冰　　芋頭泡泡冰　　草莓泡泡冰　　烏梅泡泡冰
雞蛋牛奶泡泡冰　　百香果泡泡冰　　芒果泡泡冰　　鳳梨泡泡冰　　花生泡泡冰

45元（外帶盒買十送一）

泡泡冰專賣店　www.paopao.com.tw

臺北市

士林區

北投區

內湖區

中山區

松山區

大安區

信義區

文山區

大同區

中正區

萬華區

酸辣帶勁的泰式涼麵—嘉香涼麵

　　在士林夜市裡有一間超人氣的涼麵店，布咕先生從高中到現在、每次逛夜市總不忘先過來吃上一盤，並不算大的店面座位數共約二十多個，往往不可避免的需要排隊等候。

　　店內主要是賣涼麵與臭豆腐，若是敢吃辣的朋友，推薦必點泰式酸辣涼麵，檸檬的酸香搭配店家特調的辣醬，清爽不膩相當順口，然而入口後呈現不同層次的辣味，一點點就相當辣，卻是讓人停不了口。此外，臭豆腐也是店家的招牌之一，外酥內嫩的豆腐加上酸甜爽脆的台式泡菜，令人回味無窮啊～

INFO

🏠 地址：臺北市士林區大南路 46 號
📞 電話：（02）2883-8021
🕐 營業時間：16:00 ～ 24:00（週一店休）
⭐ 推薦：泰式酸辣涼麵、香炸臭豆腐

6 ## 酥脆好味蔥油餅─士林郭家蔥油餅

　　在士林捷運站附近的華榮街市場，待早市收攤後至下午四、五點，有許多攤商就開始為晚上的營業做準備，儼然形成一個小型夜市。在以利泡泡冰店門前擺攤的郭家蔥油餅，在士林夜市陽明戲院的門口處也有設攤，兩邊經常都是人潮滿滿。

　　點了蔥油餅加蛋後，老闆便將麵團揉開下鍋油炸，等到麵餅半熟時再打入一顆蛋，待雞蛋半熟就能起鍋、將油瀝乾。等待的過程總是特別漫長，拿到蔥油餅後迫不及待地咬一口，炸得金黃酥脆的餅皮，加上半熟蛋的濕潤口感卻是相當鬆軟，可謂外酥內軟呀～

INFO

🏠 地址：臺北市士林區文林路 101 巷口｜臺北市士林區中正路 288 號前

📞 電話：0936-334-575

🕐 營業時間：15:00 ～ 24:00

➕ 推薦：蔥油餅加蛋

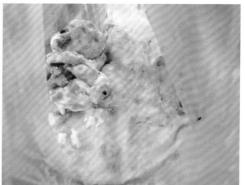

⑦ 早起的人才有包子吃—翁記包子

在士林官邸附近的雨農路上，沒有招牌的翁記包子以攤販形式在髮廊前的騎樓營業，包子共有三種口味—高麗菜、韭菜與鮮肉，售完為止，可以說是早起的人才有包子吃，太遲就只能含淚說再見，下次請早囉！

布咕先生最愛的口味是鮮肉包，內餡飽滿紮實卻又帶有彈性，並且加入滿滿的蔥，嚐起來帶著蔥的鮮甜；肉餡還加了薑末去除腥味，但薑的味道不至於過重，讓鮮肉包整體顯得多汁且富有青蔥香氣。

高麗菜包的表現亦不錯，內餡清爽不油膩，吃進嘴裡滿滿都是高麗菜的清甜好滋味，非常推薦大家來嚐嚐，不過必須要早起才行。

INFO

🏠 地址：臺北市士林區雨農路 39 號
🕑 營業時間：06:00 ～ 11:00
⭐ 推薦：鮮肉包

8 # 行家才知道的美味—天母蚵仔麵線

　　在天母的克強街上，有一間在地人從小吃到大的麵線店，不同於其他店家的麵線湯頭較濃稠，這裡的麵線湯底使用清爽的高湯，沒有過重的勾芡感，麵線與湯頭的搭配相當不錯。

　　若是口味較重的人，建議加入烏醋或辣椒醬後再食用，更能帶出湯裡的蝦米鮮味，讓整體口味再向上提升一個層次。

　　在配料方面，這裡選用的蚵仔體型不大且裹粉較厚，倒是大腸滷得香醇脆口，是讓人難以忘懷的純樸味道。

INFO

🏠 地址：臺北市士林區克強路 7 號

📞 電話：（02）2831-7224

🕐 營業時間：週一～五，06:00 ～ 13:00，15:30 ～ 19:00 ｜週末 06:00 ～ 12:00

⭐ 推薦：蚵仔麵線

⑨ 外籍旅客必訪—士林觀光夜市

由捷運紅線劍潭站的 1 號出口往基河路方向，所見之處即為腹地廣大的士林夜市，這裡交通方便，一直是各國旅客必訪及最受國人喜愛的夜市。

一出捷運站就可在士林市場的地下美食廣場嚐遍各式臺灣小吃，舉凡大餅包小餅、花枝羹、蚵仔煎、熱炒等，再配上一瓶臺灣啤酒，真是享受啊！

飽餐一頓後不妨在周圍逛逛，服飾、美妝、3C 及紓壓按摩應有盡有，各類流行元素都能在此尋獲，是兼具美食與逛街樂趣的好去處。

▶ INFO

🏠 地址：臺北市士林區基河路 101 號周邊

臺北市

士林區　北投區　內湖區　中山區　松山區　大安區　信義區　文山區　大同區　中正區　萬華區

017

臺北市

北投區

① 自製非基改豆花—傳統之最豆花堂

　　這間豆花店布咕先生好幾次都想試試，但每次來到北投總是撲空，似乎都恰好遇上週一的店休。這次總算如願得以嚐鮮，整個店面小小的、座位不算多，除了豆花之外也賣早餐，相當特別。

　　店家標榜豆花的製作過程完全不添加化學物質，選用純天然的非基因改造黃豆，布咕先生點了粉圓豆花，相較於其他店家，豆花的口感偏硬，單吃可嚐到淡淡的黃豆香，搭配的糖水稍甜，粉圓Q軟有彈性，吃起來相當有嚼勁！

INFO

🏠 地址：臺北市北投區大同街 71 號
📞 電話：（02）2898-4112
🕐 營業時間：06:00 ～ 18:00（週一店休）
⭐ 推薦：豆花

臺北市

士林區

北投區

內湖區

中山區

松山區

大安區

信義區

文山區

大同區

中正區

萬華區

巷弄手工蛋餅──實踐街無名早餐店

在實踐街的巷弄裡有一間無名早餐店，雖然沒有華麗的裝潢，但是上門的人潮始終絡繹不絕。網路上有許多人推薦蛋餅配花生湯，可惜那天布咕先生到的時間比較晚，花生湯早已銷售一空，於是就點了蛋餅配熱豆漿。

蛋餅有著近似蔥油餅的多層次口感，外層煎的金黃酥脆，加上香氣撲鼻的蔥蛋，與餅皮巧妙的融合，極力推荐大家一定要來嚐嚐。在豆漿部分，濃濃的黃豆香味中帶著淡淡的炭香味，沒有過重的焦香味，整體香氣比例掌握得相當好。

INFO

🏠 地址：臺北市北投區實踐街 48 巷 7 號

📞 電話：（02）2821-2516

🕐 營業時間：06:00 ～ 11:00

　　　　　（每月第一及第三個週二店休）

➡ 推薦：蛋餅

市場人氣小吃攤─矮仔財

在北投市場裡的這個小吃攤總是排著長長的人龍，由於許多報章媒體連番報導，若是來晚了可能會吃不到唷！有一次才 11 點多滷肉飯便已經銷售一空，就讓布咕先生相當扼腕。

這裡不管是內用或外帶，一律都要排隊點餐，內用的人點餐後可至旁邊尋找座位用餐。布咕先生點了滷肉飯、紅燒蹄膀及排骨湯，滷肉飯上滿滿的深褐色豬皮，搭配粒粒分明的米飯與滷汁，將肥美的滷肉和白飯拌勻後一口吃下，充滿膠質的豬皮鹹香 Q 彈，醬油香混合肉香，真的會讓人一口接著一口。

紅燒蹄膀也是充滿膠質，滷得軟嫩、入口即化，不過屬於偏肥的部位，不敢吃肥肉的人需要斟酌一下。排骨湯比較像是排骨酥湯，排骨肉燉到完全就是骨肉分離，而湯頭則保有清甜與淡淡的胡椒香氣。下次來到北投市場別忘了上二樓嚐嚐，但要做好必需等候的心理準備。

INFO

🏠 地址：臺北市北投區新市街 30 號
　　　　（北投市場二樓 No.436）
📞 電話：0932-386-789
🕐 營業時間：06:30 ～ 13:30（週一店休）
✪ 推薦：滷肉飯

臺北市
士林區
北投區
內湖區
中山區
松山區
大安區
信義區
文山區
大同區
中正區
萬華區

50年碳烤老店—無名古早味碳烤

在北投市場後方、新市街24巷口的這間碳烤店晚上才開始營業,這裡不但沒有招牌,連店名都沒有,路過時眼睛可要睜大,不然很容易錯過。

布咕先生點了雞腿排、雞腸、雞屁股與甜不辣的同時,烤檯前方已經累積不少其他人點購的食材,看來還需要等待一段時間,建議大家點選食材後先到附近逛逛再回來。

這間碳烤店最特別的是醬汁,帶有檸檬的酸甜味道,把口中的油膩感都去除掉了,取而代之的是略微酸甜的鹹香滋味,雞腿排的外皮烤得焦香酥脆,裡頭卻還是保有軟嫩的肉質與鮮甜的肉汁,不會乾柴,相當推薦!

INFO

🏠 地址:臺北市北投區新市街 24 巷口
📞 營業時間:18:30 ~ 24:00
⭐ 推薦:雞腿排

5　現點現做的小籠包—無名手工小籠包

在北投市場外圍的這間店沒有名字，斗大的招牌上只寫著小籠包、燒賣、小饅頭，亦沒有設置內用的座位，僅提供外帶，店內的桌椅是工作人員製做小籠包與燒賣的工作區。

購買小籠包的最低數量為 5 顆，這裡的小籠包不管是大小或外皮都比較像是水煎包，不像一般的小籠包小巧、皮薄，布咕先生覺得應該稱它為小肉包。

一口咬下，外皮偏厚，肉餡經過調味，肥瘦比例不錯，不過於乾澀，但也不會膩口，整體口味較重，若單吃內餡有點過鹹，但搭配外皮一起吃就非常剛好。

INFO

🏠 地址：臺北市北投區光明路 60 號
🕐 營業時間：11:00 ～ 01:00（週日店休）
⭐ 推薦：小籠包

⑥ 油亮的五花肉飯—台南滷三塊

　　老舊的燈籠上寫著店名，營業時間從下午五點至凌晨四點，讓夜貓子多了一個宵夜的好選擇。店內主要是賣麵、飯、便當、湯和配菜等，布咕先生看到招牌上斗大的五花肉飯、肉燥飯及虱目魚肚等字樣，心想敢如此招搖，想必有過人之處，索性就點了這三樣來嚐嚐。

　　五花肉的滷汁偏淡，加了不少胡椒鹽增添風味，五花肉則滷得軟嫩入味，吃起來不乾柴相當順口。肉燥飯的表現較為令人驚豔，淋上了許多帶有肥肉且滷到黑金色澤的肉燥，拌著粒粒分明的米飯食用，不會因其中的肥肉而感覺到油膩，反而在吃到肉燥時，鹹香的滷汁與白飯完美的融合，讓人胃口大開。

　　虱目魚肚湯的表現亦不凡，僅添加薑絲煮成的魚湯帶著鮮味、十分清甜，虱目魚肚軟嫩的口感，沾一點芥末品嚐，令人意猶未盡，雖然店家已剔除不少虱目魚肚的刺，但仍有許多細小的刺，在食用時需留意唷！

INFO

🏠 地址：臺北市北投區承德路七段 100 號
📞 電話：（02）2828-9388
🕐 營業時間：17:00 ～ 04:00（週日店休）
⭐ 推薦：滷肉飯

7 去煩解悶無憂茶—高記茶莊

　　在北投市場一樓的角落有間不起眼的飲品店，門前長長的排隊人龍立刻激起布咕先生的好奇心，默默走到隊伍後面跟著人群排起隊來，相當遲疑該點什麼來喝。

　　高記茶莊除了紅茶、綠茶，也有鮮奶茶、鮮果汁，甚至是咖啡，種類相當多，其中布咕先生最感興趣的就是無憂茶。點了大杯的鮮奶茶與無憂茶，這裡的大杯比其他店家的還要再大一些，鮮奶茶使用四方牧場的鮮奶，無憂茶則為烏龍茶和綠茶的組合，但兩者的比例拿捏得非常好，不會相互搶了對方的風采，反而是畫龍點睛地替雙方增添風味，來到這裡推薦你一定要點杯無憂茶，消除生活中累積的壓力。

INFO

🏠 地址：臺北市北投區新市街 30 號
　　　（北投市場一樓 No.013）
📞 電話：（02）2896-3568
🕐 營業時間：07:00 ～ 22:00
⭐ 推薦：無憂茶

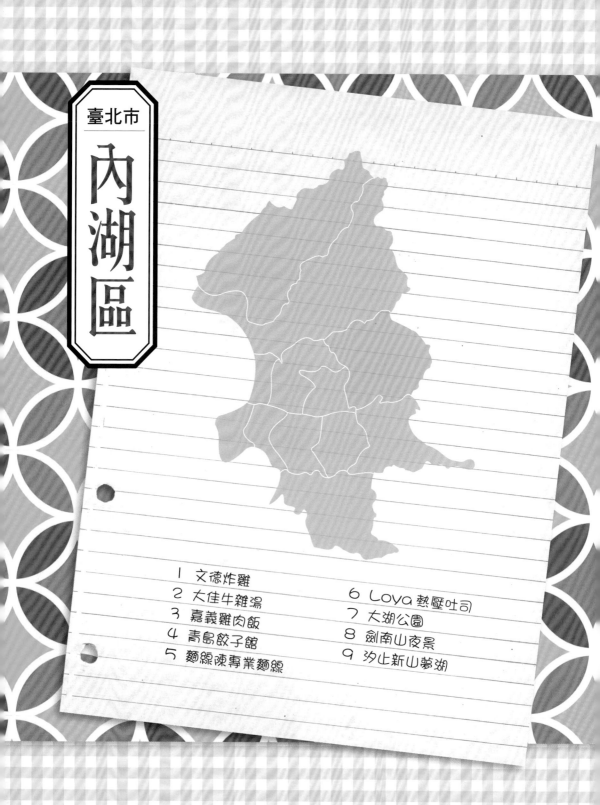

臺北市

內湖區

黃昏市場的酥脆炸雞─文德炸雞

在文德路 66 巷的黃昏市場裡，小小的炸雞攤位始終圍繞著不少人群，大家為的都是炸得金黃酥脆的雞腿與雞翅。等候了一陣子終於輪到布咕先生，買完炸雞腿與炸雞翅後，迫不及待地在一旁享用起來。

雞腿的外皮炸得相當酥脆，嚐起來甜甜的，味道不像一般的酥炸粉，應該是店家自行調製的，雞腿肉並沒有因為油炸顯得肉質乾澀，仍然保有豐富的肉汁，十分推薦。雞翅雖不大，稱不上肥美，但表皮也是炸得酥脆可口，軟嫩的肉質與鮮甜的雞汁，讓人食指大動、回味無窮。

整體而言，文德炸雞的口味頗為特別，外皮酥脆、肉汁飽滿，屬於台式風味的炸雞，而且剛起鍋的炸物香氣十足、不油膩，非常值得一試。

INFO

🏠 地址：臺北市內湖區文德路 66 巷 59 號
📞 電話：0935-101-445
🕐 營業時間：15:30 ～ 19:00
⭐ 推薦：炸雞翅、炸雞腿

② 意猶未盡的好滋味—大佳牛雜湯

位於內湖康寧路一段的大佳牛雜湯，店內提供的選擇並不多，主要是牛肉麵與牛雜湯，店面分隔成兩區，一邊為煮麵區，一邊為用餐區，但座位的數目有限。

布咕先生點了招牌的牛雜湯，不同於其他店家，這裡的湯頭採用清燉形式，以蔬菜湯底熬煮佐蔥醬，喝起來相當清甜不油膩。牛雜的分量也不少，豐厚的口感搭配清爽的湯頭，胡椒的香氣刺激著食慾，讓人停不了口。

只有選用新鮮的牛雜，才敢以汆燙的方式搭配清湯，若是覺得意猶未盡，還可以免費加湯唷！推薦大家一定要來嚐嚐大佳牛雜湯的清甜好滋味。

INFO

🏠 地址：臺北市內湖區康寧路一段 108 號
📞 電話：（02）2792-3193
🕐 營業時間：10:00 ～ 20:30
⭐ 推薦：牛雜湯

3 齒頰留香的雞肉飯—嘉義雞肉飯

　　這間位在內湖路一段巷弄中的嘉義雞肉飯，提供的菜色種類非常多，除了雞肉飯、肉燥飯、意麵、陽春麵等主食，小菜也相當多樣化，讓人目不暇給。

　　隨意點了雞肉飯、乾意麵、紅燒肉及燙青菜，可惜的是當天的紅燒肉偏瘦，使得肉質有些乾澀，布咕先生推薦雞肉飯，香氣濃厚的雞油搭配甘甜微鹹的醬油，拌勻之後一口吃下令人齒頰留香，若覺得醬汁不足，可以請店家再多加一點，才能把雞肉飯的美味徹底發揮出來唷！

INFO

🏠 地址：臺北市內湖區內湖路一段 591 巷 8 號
📞 電話：（02）2797-1136
🕐 營業時間：11:00 ～ 20:00（週一店休）
➡ 推薦：雞肉飯

④ 在地人激推的水餃—青島餃子館

　　青島餃子館藏身在東湖的寧靜住宅區中，周邊的巷弄部分還是單行道，所在之處並不好找，但是到了晚上的用餐時間，人潮依然絡繹不絕，與一旁的寧靜住宅區相比，形成一個愈夜愈亮的鮮明對比。

　　布咕先生點了牛肉湯，以及韭菜和高麗菜水餃，牛肉湯的湯頭滑順好入喉，把牛肉的鮮甜滋味都融入湯中，且不會過於油膩，牛肉則是燉煮到入口即化，軟爛入味，相當推薦。手工現桿的水餃皮較厚，吃起來帶有一點嚼勁，內餡的高麗菜嚐起來清脆爽口，味道非常鮮甜，韭菜水餃的內餡味道稍重，適合喜歡韭菜的人。

　　這裡的水餃與牛肉湯表現均不錯，唯一的缺點是地點不好找，若欲前往不妨利用導航唷！

INFO

🏠 地址：臺北市內湖區安泰街 65 巷 4 號
📞 電話：（02）2634-5441
🕐 營業時間：11:00 ～ 21:00
　　　　　　（週一～二店休）
⭐ 推薦：水餃、牛肉湯

⑤ 香Q彈牙的滷大腸──麵線陳專業麵線

　　位在捷運文湖線西湖站附近巷弄裡的麵線陳，店內僅有清麵線、大腸麵線、蚵仔麵線、綜合麵線及肉圓，如果不知道該點什麼，就跟布咕先生一樣來碗綜合麵線吧！一次就能夠品嚐到大腸和蚵仔的美妙滋味。

　　這裡的麵線大碗60元、小碗45元，乍看之下價格並不便宜，但是麵線上桌後，你會訝異它的分量之多，隨便一舀都是滿滿的麵線，不會有清湯掛麵的空虛感。湯頭是大骨湯，勾芡不會太濃，加了烏醋之後的味道酸酸甜甜，是美味的關鍵，非常適合喜歡烏醋的人。

　　配料雖然隱藏在麵線中，但是料多實在，蚵仔大顆又新鮮，大腸也處理得相當好，不但沒有腥味，而且滷得香Q彈牙，在口中細細咀嚼就會散發出獨特的香味。下次若到捷運西湖站附近不妨嚐嚐看唷！

 INFO

🏠 地址：臺北市內湖區內湖路一段285巷67弄1號
📞 電話：0955-553-081
🕐 營業時間：07:00～19:30
❤ 推薦：綜合麵線

⑥ 甜蜜花生 QQ —— Loya 熱壓吐司

在內湖成功路三段的巷弄中，有一間相當適合下午茶享用的熱壓吐司店，其中最吸引人的是店家把大家常喝的珍珠奶茶融入熱壓吐司中，珍珠 Q 彈的口感和現烤吐司意想不到的合拍，就跟著布咕先生來看看吧！

這次點了杏鮑菇起司及花生 QQ 兩種口味，等了一會兒後，上桌的吐司外皮烤得金黃焦脆，內餡被緊緊包裹在其中，一口咬下，融化的起司搭配以奶油拌炒過的鹹香杏鮑菇，推薦給訴求輕食的女性讀者。

接下來試吃花生 QQ，這裡的 QQ 即是珍珠奶茶裡的粉圓，一口咬下，酥脆的吐司配上 Q 軟的粉圓，以及具有顆粒的花生醬，多層次的口感一次在口中徹底釋放，而且珍珠與花生醬意外地搭調，各自的優點均有表現出來，不會只有單一味道，另外，珍珠的分量不少，吃的時候要小心珍珠溜出來唷！

INFO

🏠 地址：臺北市內湖區成功路三段 187 巷 4-1 號
📞 電話：（02）2790-1096
🕐 營業時間：週二～五，08:00 ～ 19:00
　　　　　　週六 08:00 ～ 16:00
　　　　　　週日 08:00 ～ 13:00（週一店休）
⭐ 推薦：花生 QQ

溜小孩的好去處—大湖公園

　　大湖公園位於內湖成功路五段，搭乘捷運文湖線在大湖公園站下車，一旁即是占地約 13 公頃、內部整體設計以中式庭園風格為主的大湖公園。公園內有寬闊的綠地，隨處可見規劃完善的步道、涼亭、拱橋，波光粼粼的湖面倒映著山景，湖畔亦有特別規劃的釣魚區。

　　由於大湖公園的腹地廣大、交通便利，一到週末便有許多民眾會聚集在此從事各類活動，像是散步、慢跑或釣魚，也有許多父母會帶著小朋友在此郊遊野餐，一家人共同度過悠閒的時光，推薦大家不妨在風和日麗的午後到此地踏青遊玩唷！

INFO

🏠 地址：臺北市內湖區成功路五段 31 號

⑧ 繽紛摩天輪盡收眼底—劍南山夜景

　　還記得〈我可能不會愛你〉劇中大仁哥與又青姐喝著啤酒、欣賞夜景的私房景點嗎？其實這個場景的拍攝地點就在臺北內湖唷～不像其他景點需要走一段山路才能擁有海闊天空的視野，這裡開車或騎車就能輕鬆抵達囉！由於山上的道路較為狹窄、會車不易，建議騎乘機車比較方便。

　　由市區往大直方向，經北安路往內湖，在接近美麗華百樂園（捷運劍南路站）時留意劍南路的標示，轉進劍南路後順著道路上坡，途經劍南蝶園的岔路時往右，繼續向前左側會路過一處軍營，隨後遇到第二個岔路時仍然往右。

　　直到看見湧泉寺指標的岔路時往左，最後來到一處標示著正願禪寺的石碑前往岔路右側，前面銜接的道路較為狹窄且沒有路燈，建議打開遠光燈比較安全，這時我們已經離目的地不遠矣。

　　在沒有路燈的道路上前進 2 ～ 3 分鐘，便可享有豁然開朗的超棒夜景！這裡的視野相當清晰且遼闊，在遠眺臺北 101 大樓的同時，整個大直的夜色與摩天輪所綻放的絢爛燈光也都盡收眼底，最重要的是這裡與市區近在咫尺，非常適合晚餐後和朋友一起來走走、聊天賞景。

INFO

🏠 GPS 坐標：25.0896935,121.5497701

9 臺北的祕密花園—汐止新山夢湖

　　距離內湖區不遠的新山夢湖，是新山與夢湖兩處景點的合稱，可由汐萬路三段銜接夢湖路至新山夢湖的登山步道。夢湖周邊風景秀麗，是許多情侶約會、拍攝婚紗的最佳地點，不過這裡為私人產業，並沒有設置停車場，在產業道路的盡頭，看見新山夢湖的石碑及路旁的小吃攤，就是登山步道的入口了。

　　順著階梯緩步向上，大概 10 分鐘的腳程即可抵達夢湖，女生想打扮得漂漂亮亮到此拍照也沒有問題唷！不妨沿著環湖步道走一圈，欣賞夢湖各個不同角度的美，走累了就在湖畔的夢湖咖啡稍作休息，喝杯飲料、欣賞湖景，度過悠閒的午後。湖面上波光粼粼、微風徐徐，相當適合來此散步、放空；想繼續挑戰前往新山的人，因為部分路段地勢陡峭，需要手腳並用攀爬，建議穿著運動鞋或登山鞋，注意安全，不可大意！

INFO

🏠 GPS 坐標：25.1263337,121.635362

臺北市
中山區

1 包好吃碳烤
2 古都刈包油飯
3 Ha 嘜蚵仔麵線
4 蕭家鮮魚湯
5 黃記魯肉飯
6 晴光甜豆餅（總店）
7 丁香豆花
8 行天宮
9 花博公園

1 一吃就會愛上的好滋味—包好吃碳烤

　　這附近的居民或上班族都知道，在中山區的興安街上有太多誘人的美食，這間包好吃碳烤店是網友推薦，店名敢自稱「包好吃」，真的這麼厲害？

　　店家準備的食材種類眾多，除了燒烤之外也有炸物，種類之多讓布咕先生實在難以抉擇，最後點了鹹酥雞、天婦羅、麻糬和雞肉串。鹹酥雞雖然是炸物，但一口咬下軟嫩多汁、不油膩，相當推薦的好味道。

　　在燒烤部分，天婦羅的表面烤得酥脆，刷上老闆特製的醬料，不死鹹、不膩口；雞肉串選用的是雞腿肉，肉質鮮嫩可口，再加上店家特調的醬料，真的是絕配！最推薦的是烤麻糬，表面烤至酥脆微焦，在口中散發出糯米的香甜，搭配醬料的鹹甜滋味讓人意猶未盡啊！

INFO

🏠 地址：臺北市中山區興安街 68-8 號
📞 電話：0927-565-172
🕐 營業時間：17:30 ～ 01:00
⭐ 推薦：鹹酥雞、烤麻糬

2 24 小時不間斷的美味—古都刈包油飯

　　在包好吃碳烤旁邊有間 24 小時營業的古都刈包油飯，店內主要是賣刈包、油飯及四神湯等傳統小吃，設有室內與室外的座位區，室外座位設置於人行道上，沒有空調；室內座位區雖有空調和電視，座位數量並不多。

　　這裡的小碗油飯售價僅 25 元，以目前的物價來說已不多見，分量雖不多但價格親民，粒粒分明的油飯一口吃進嘴裡，淡淡的薑絲味道帶出了油飯的香氣，淋上甜辣醬後整個口感的層次更加提升，強烈推薦不可錯過。蘿蔔排骨湯的價格看似不便宜，但排骨及蘿蔔的分量都不少，湯頭也相當清甜，表現亦可圈可點。重點是 24 小時不間斷的美味，隨時來到這附近都能品嚐美食！

INFO

🏠 地址：臺北市中山區興安街 68-4 號
📞 電話：（02）2517-7753
◎ 推薦：油飯

③ 客家風味辣蘿蔔乾── Ha 婆蚵仔麵線

　　在捷運橘線中山國小站與民權西路站之間的巷弄中，有一間味道相當特殊的 Ha 婆蚵仔麵線，店內主要是賣麵線、水餃與客家碗粿、客家肉粽，也有小菜和飲品，算是以傳統客家口味為訴求的特色店家。

　　綜合麵線裡放了不少的蚵仔與大腸，蚵仔吃起來相當新鮮，大腸也是先處理並滷過才加入，沒有腥味的問題，至於布咕先生所說的特殊味道，則是店家最重要的靈魂配料「辣蘿蔔乾」與烏醋，把兩者加入麵線中稍微拌勻，蘿蔔乾的辣搭配烏醋的酸，形成一種特殊的風味，無法用言語形容，和麵線一起入口非常開胃，辣蘿蔔乾的爽脆口感，夏天食用也很合適，來這裡品嚐 Ha 婆麵線，推薦必加辣蘿蔔乾與烏醋。

INFO

🏠 地址：臺北市中山區中山北路二段 115 巷 11 號
📞 電話：0905-638-738
🕐 營業時間：10:00 ～ 17:00
⭐ 推薦：辣蘿蔔乾

鮮甜滿分的現煮魚湯──蕭家鮮魚湯

　　隱藏在林森北路七條通內的蕭家鮮魚湯，開業至今已有四十年以上的歷史，有時候下班到附近逛街，想吃還不一定吃得到，因為不到晚上七點高湯就差不多見底，老闆準備要收攤啦！

　　這次布咕先生終於把握機會趕在店家打烊之前，一進門老闆就會先告知當天有哪些種類的魚湯，這裡的魚湯採時價，點餐前別忘了先詢價，除了鮮魚湯之外，也提供麵食與小菜。

　　那天的漁貨有石斑及吳郭魚，於是點了雞蛋乾麵與吳郭魚湯，乾麵上淋了一大匙油蔥肉燥，拌勻後油蔥的香氣搭配肉燥的鹹甜滋味，讓人一口接著一口；不一會兒魚湯上桌了，帶點薑絲和酒味的魚湯喝了不僅暖身，也非常暖心，店家選用的吳郭魚雖然不大，但肉質卻出乎意料之外的細緻鮮嫩，亦不會有土味，魚肉可單吃，也可沾點芥末醬油，都十分美味！

INFO

🏠 地址：臺北市中山區中山北路一段
　　　121 巷 18-1 號

📞 電話：（02）2581-5058

🕐 營業時間：週一～五，08:30 ～ 19:00
　　　　　　週六 08:30 ～ 15:00

✪ 推薦：吳郭魚湯

吃過的人都說讚—黃記魯肉飯

　　位在雙城街夜市外圍的黃記魯肉飯，不管是內用或是外帶，每到用餐時間總是人潮滿滿，店內主要有魯肉飯、焢肉飯、焿湯以及小菜，布咕先生每次必點魯肉飯，如果不知道該點些什麼，也可以直接點一個便當，含兩樣配菜。

　　一走進店內，堪稱黃記四寶的焢肉、蹄膀、竹筍湯及白菜滷就坐鎮在店門口，尤其是持續滷煮的焢肉，滷汁的香氣瀰漫整間屋子。上門的熟客都是衝著魯肉飯而來，一口吃下，五香與胡椒的味道立刻在口中擴散，呈黑金色澤的魯肉加上鹹香的滷汁，讓人食慾大開、筷子停不下來，吃完會讓人想再來一碗啊！

　　香菇赤肉焿的表現亦不錯，以柴魚熬成的湯頭清爽不油膩，搭配鮮甜的肉焿，可說是完美的組合。

▶ **INFO**

🏠 地址：臺北市中山區中山北路二段 183 巷 28 號
📞 電話：（02）2595-8396
⊙ 營業時間：11:30～22:30（週一店休）
⭐ 推薦：魯肉飯

人氣爆漿紅豆餅—晴光紅豆餅

在晴光市場裡的這間紅豆餅可說是無人不知、無人不曉，許多人只要路過必定會買幾個來解饞。晴光紅豆餅共有三種口味—紅豆、奶油及蘿蔔絲，看看烤盤上堆疊的紅豆餅，就可以知道其內餡的豐厚程度。

剛出爐的紅豆餅一口咬下，外皮酥脆、內餡綿密，飽滿的紅豆餡與奶油餡因為受到擠壓而幾乎爆漿。紅豆餡熬煮的火侯掌握得相當好，細緻的紅豆泥中仍保有部分顆粒口感，咀嚼後甜蜜的滋味立刻在口中化開，大力推薦必點！

INFO

🏠 地址：臺北市中山區雙城街 12 巷 16-1 號
📞 電話：（02）2591-8496
🕐 營業時間：11:00 ～ 20:00
⭐ 推薦：紅豆口味

7 傳統市場的人情味—丁香豆花

　　同樣在晴光市場裡，與晴光紅豆餅位於同一巷弄的這間丁香豆花雖然店面不大，但是供應的甜品種類卻相當多，多到會讓人陷入選擇性障礙。主要品項是以豆花搭配各種不同的配料，也有燒仙草、花生湯、紅豆湯與奶茶等各式冷熱飲。

　　布咕先生最後點了熱豆花搭配粉圓和芋圓，豆花相當綿密且帶有淡淡的黃豆香味，粉圓和芋圓的表現亦不錯、Q軟有嚼勁，在寒冷的冬天裡喝下這一碗真的讓人從頭暖到腳，若是來到雙城街附近，別忘了繞過來這裡享用甜點唷！

INFO

🏠 地址：臺北市中山區雙城街12巷28號
📞 電話：（02）2593-1293
🕐 營業時間：10:00～21:30
➕ 推薦：豆花

濟世助人保安康—行天宮

　　行天宮即信眾所稱的恩主公廟，主祀關聖帝君，是北臺灣香火最鼎盛的廟宇之一，其建築宏偉莊嚴、占地廣大，建廟至今已有 50 個年頭，由捷運橘線行天宮站往民權東路方向步行即達；而松江路與民權東路口的人行地下道拜行天宮之賜，成為以販賣祭祀用品及命相館為主的地下街，吸引許多外國旅客慕名前往！

INFO

🏠 地址：臺北市中山區民權東路二段 109 號
🕓 開放時間：04:00 ～ 22:30

9 彩花流水新視界—花博公園

　　2010年舉辦的臺北國際花卉博覽會，是臺灣首次獲得國際授權認證的世界性博覽會，當時的展區涵蓋圓山公園、美術公園、新生公園以及大佳河濱公園，在博覽會結束後，便將圓山公園、美術公園與新生公園的部分整併為花博公園，在捷運紅線圓山站下車即可抵達，平日作為一般公園使用，相當適合散步或親子共遊，由於交通便利，亦經常作為各項活動展覽用地；若是逛累了，在圓山公園角落有一處名為 MAJI 2 集食行樂的市集，提供許多具有異國風情的美食饗宴，並結合在地文創商品，形成一個極具特色的小型商圈。

INFO

花博公園：http://www.expopark.taipei/index.aspx
MAJI：http://www.majisquare.com/index.php

臺北市
松山區

① 運將的最愛—延壽街無名麵攤

　　在民生社區婦聯公園旁的這個無名麵攤可說是計程車司機的最愛，每到中午常有許多運將在此停留，就為了一嚐店家的人氣滷味，用餐的座位是以棚架在路旁搭建出的空間，所以也有人稱它為「車棚滷味」。

　　於攤位前排隊依序點餐、先結帳後即可入座等候，布咕先生點了湯麵及一大盤滷味，麵湯以高湯加入店家特製的滷汁，嚐起來口味偏重，但不會讓人感到死鹹、難以入口；在滷味的部分，豬頭皮算是其中最便宜的肉類食材，彈牙的口感搭配香而不辣的黑色辣油，讓人一口接著一口，這裡的滷汁主要是以鹹香的醬油為基底，加上一點辣味可調和過鹹的味覺感受。

INFO

🏠 地址：臺北市松山區延壽街 330 巷 20 弄 1 號
🕐 營業時間：週一～五，11:30 ～ 19:00
⭐ 推薦：滷味、湯麵

② 記憶中的好味道—祖傳嘉義香菇肉焿

位於新東街上的這間香菇肉焿店，主要是賣各式湯麵、滷肉飯及小菜等傳統小吃，半開放式的店面空間，有室內的座位，亦有些座位在店門口的騎樓下。

布咕先生點了古早味的豬油拌飯、肉焿湯以及小菜，其中表現最為亮眼的就是這碗豬油拌飯，一端上桌豬油的香氣就撲鼻而來，淋上醬油膏更為平淡的白米飯增添色彩，甘醇的醬油膏搭配豬油的濃郁香氣，是記憶中銷魂的好味道，讓人嚐一口就忍不住一直扒飯。

▶INFO◀

🏠 地址：臺北市松山區新東街 38 號之 1
📞 電話：（02）2763-0469
🕐 營業時間：04:30 ～ 15:00
◉ 推薦：豬油拌飯

3 酸甜開胃椒麻雞—百里香蚌麵

　　百里香位於興安街上，店家主打的是蚌麵，除了蚌麵之外，亦有其他湯麵及各式飯類，布咕先生點了梅花豬蚌麵與一份椒麻雞。

　　首先上桌的是蚌麵，空氣中飄散著淡淡的九層塔香氣，喝一口略呈乳白色的湯，以大骨熬製再加上蛤蠣的湯頭滋味非常鮮甜，麵的分量不少，使用的是口感上較為有嚼勁的拉麵。

　　椒麻雞的外皮酥脆，每一塊肉都是厚度十足，不像其他店家雞排薄薄一片，事先醃過的雞肉軟嫩多汁，搭配酸酸甜甜的麻辣醬汁相當開胃，整體屬於偏台式的椒麻雞口味。

▶ INFO

🏠 地址：臺北市松山區興安街 161-1 號
📞 電話：（02）2712-0016
🕐 營業時間：週一～五，11:30 ～ 14:30，17:30 ～ 20:30
⊙ 推薦：椒麻雞

市場裡的隱密小店—東引小吃店

　　初來乍到，走進玻璃門上寫著東引小吃的店內，環顧四周卻找不到點餐的地方，問了服務人員才知道必須先至巷口的麵攤點餐，再過來座位區等候餐點。

　　小吃攤以各式麵食、湯類及小菜為主，素聞店家的滷味頗負盛名，於是布咕先生點了豬油乾麵及豆干、豬頭皮等小菜。

　　豬油乾麵屬於較清淡的古早味，以豬油加上醬油作為醬汁淋在麵上，拌勻後豬油的香氣撲鼻而來；雖然只點了兩樣小菜，端上桌的分量亦不少，上面灑滿了蔥花與薑絲，搭配特製的甘醇滷汁，豬頭皮吃起來 Q 彈有嚼勁，口感不會過韌或偏硬，表現相當不錯，果然不是浪得虛名。

▶ **INFO**

🏠 地址：臺北市松山區南京東路五段 291 巷 20 弄 3 號
📞 電話：0987-234-406
🕐 營業時間：11:00 ～ 04:00
⭐ 推薦：滷味

傳承百年的美味—東發號

　　在饒河街觀光夜市裡有一間傳承百年的小吃店，不太顯眼的入口處就位在土地公廟旁，走入店內卻是別有洞天，滿滿的人潮坐無虛席，店家僅提供三種傳統小吃—麵線、油飯及肉羹，布咕先生品嚐了油飯和麵線。

　　東發號最大的特色是清湯麵線，不像其他店家利用勾芡增加口感，這裡的麵線湯頭是以大骨熬製，清湯麵線要做的好吃並不簡單，除了需要使用更多的麵線才能達到物超所值的分量，味道的層次更是考驗著師傅的功力。

　　油飯吃起來帶點淡淡的麻油與薑絲香氣，裡面加入蝦米、香菇、肉絲及油蔥提味，整體味道清爽不膩，米飯粒粒分明，口感帶有 Q 勁，非常值得推薦，來到饒河街夜市，一定不能錯過東發號的麵線和油飯！

▶ INFO

🏠 地址：臺北市松山區饒河街 94 號
📞 電話：（02）2769-5739
🕐 營業時間：08:30 ～ 24:00
⭐ 推薦：麵線、油飯

一個人也能獨享的羊肉鍋—羊暘珍品小吃

羊暘藏身於光復南路的巷弄中，店面並不顯眼，很容易就會錯過；從外觀看起來店內空間似乎頗大，走進店內才發現一半以上的空間作為廚房，座位數量並不多，且桌位之間也顯得過於擁擠，用餐時間勢必得耐心等候。

店家專賣羊肉，同時也提供麵、飯等主食，羊肉主要是清燉與紅燒兩種做法，布咕先生點了一份紅燒羊肉鍋，附白飯一碗。乍看一鍋要價 240 元不算便宜，實際端上桌後超級豐盛，不但有大塊的羊肉，再加上香菇、高麗菜、丸子、金針菇、豆皮、米血糕，甚至還有冬粉，滿滿的一鍋。

羊肉軟嫩卻不失嚼勁，重點是沒有讓人害怕的腥羶味，非常好吃。菜單上寫著獨家口味、沾醬一流，既然如此，一定要試試店家特調的辣椒醬油，醬油膏的甘甜與辣椒的辛香，確實讓羊肉的味道更具層次，值得推薦！

INFO

🏠 地址：臺北市松山區光復南路 6 巷 57 號
📞 電話：（02）2577-6495
🕐 營業時間：11:30 ～ 14:00
　　　　　　 17:30 ～ 20:30（週日店休）
⊙ 推薦：紅燒羊肉鍋

功能體育場館──臺北小巨蛋

小巨蛋是座多功能的體育場館，主要為各類體育活動及演唱會等藝文活動提供場地，館內還有一座符合國際標準的滑冰場，亦是目前國內規模最大的滑冰場，平時可供一般民眾體驗滑冰的樂趣，兼具運動和娛樂之功能。

位於南京東路與敦化北路口的小巨蛋交通便利，在捷運綠線的臺北小巨蛋站下車即達，周圍鄰近多個商圈，亦有不少著名美食，是臺北市的地標性建築之一。

INFO

台北小巨蛋：http://www.arena.taipei/
🏠 地址：臺北市松山區南京東路四段 2 號

⑧ 山豬窟的綠色奇蹟─山水綠生態公園

　　還不認識山豬窟這個地方之前，從小在都市成長的布咕先生，總認為臺北最美的地方應屬陽明山，來到山水綠生態公園後，才發現其實臺北還有很多美麗的自然景觀。

　　山水綠生態公園的前身為山豬窟垃圾衛生掩埋場，山豬窟是南港舊莊里的古地名，因為以往有許多山豬出沒而得名，直到近幾年這裡才復育為生態園區，從國道 3 號北向南深路出口匝道銜接市道 109 號，直行南深路即可抵達公園入口。

　　從地圖上看來生態公園的面積相當大，走完一圈大概需要花費一個半小時，延續過去作為掩埋場的使命，這裡提供了許多有關垃圾處理的知識，以及資源回收再利用的觀念，為守護地球環境盡一分心力。

　　公園裡還有多處可讓小朋友盡情遊玩的休閒設施，並結合相關的資源教育，充分達到寓教於樂；再往內走是一大片的綠地，亦是在都市中不可多得的空間，若是走累了有涼亭可以稍作休息，整體而言，廣闊的園區風景秀麗，非常適合親子到此郊遊踏青。

▶ **INFO**
🏠 地址：臺北市南港區南深路 37 號
🕐 開放時間：06:00 ～ 22:00

臺北市

大安區

1 頂好紫琳蒸餃館
2 王家刀切麵店
3 彰化肉圓
4 通化街九份芋圓
5 溫州街蘿蔔絲餅達人
6 糊塗麵
7 大安森林公園
8 臨沂街觀光夜市
9 師大龍泉商圈

稱霸東區的平價麵食—頂好紫琳蒸餃館

在東區的頂好名店城裡，有一間每到用餐時間就大排長龍的蒸餃店，人潮多到讓布咕先生嘖嘖稱奇，到底是什麼樣的美食竟有如此的吸引力？

這裡主要是賣北方麵食、蒸餃及蔥油餅，小菜、醬料和餐具採自助式，選擇內用的顧客需等候店員安排座位，有時候必須與他人併桌，不過整體而言，出餐速度算快，翻桌率相當高，不必等待太久。

布咕先生點了鮮肉蒸餃、鍋貼及牛肉蛋花湯，除了鍋貼，其他兩樣沒多久便上桌了。鮮肉蒸餃個個圓潤飽滿，內餡的菜肉比例適中，不會太過油膩，鮮甜的肉汁搭配 Q 彈有勁的外皮，讓人食指大動，切記要趁熱吃更美味。

鍋貼底部煎得金黃酥脆，熱呼呼的當心燙口，已調味的韭黃豬肉餡，獨特的香氣再佐上辣椒醬油，表現亦值得稱許。這樣的價格與分量在東區可說是 CP 值非常高，下次到頂好商圈逛街時，不妨嚐嚐紫琳的人氣蒸餃。

INFO

🏠 地址：臺北市大安區忠孝東路四段 97 號 B1 之 19

📞 電話：（02）2752-0962

🕐 營業時間：11:00 ～ 21:00

✪ 推薦：鮮肉蒸餃

Q 彈有勁的口感—王家刀切麵

在大安路的信維市場裡有不少賣豬腳的店家，但布咕先生始終覺得王家最為好吃，不算大的店內與店外都設有座位，一到中午總是人潮滿滿。

這裡的麵條以手工製作的刀切麵為主，要將現揉的麵糰切成粗細相仿的麵條，在在考驗著師傅的手勁與刀工。麵條下鍋煮熟後，再加上炸醬及小黃瓜，就是一碗美味的炸醬麵，比拳頭還大的豬腳則以另一個碗盛裝。

先將麵條與炸醬拌勻，Q 彈有勁的口感就是手工刀切麵的最好證明；豬腳肥瘦適中、皮 Q 肉嫩，滷汁帶有淡淡的香氣，加上豬肉本身的甜味，吃起來不柴不膩，且分量十足，味道更是一級棒！

▶ INFO ◀

🏠 地址：臺北市大安區信義路四段 60-66 號
📞 電話：（02）2325-3150
🕙 營業時間：11:00 ～ 21:00
⭐ 推薦：豬腳麵

③ 超級排隊美食—彰化肉圓

在安東街上的這間彰化肉圓，每天開店之前的半個小時，當店家還在準備的過程中，就已經聚集眾多的排隊人潮，為應付大排長龍的食客，店家趕緊開始馬不停蹄地炸著肉圓，這兒就只賣兩種小吃—肉圓和魚丸湯，店內備有用餐的空間。

這裡的肉圓外皮特別 Q 軟，油炸之後更有嚼勁，紮實的內餡包裹著絞肉與筍絲，特製的粉色淋醬不像南部的口味那麼甜，再加上一點辣醬和香菜，就是讓人垂涎三尺的味道，不過別急著一口氣吃光，留下一些餡料和醬汁在碗裡，請老闆加上大骨湯，這可是行家才知道的美味吃法！

INFO

🏠 地址：臺北市大安區安東街 35 巷 4-1 號
📞 電話：（02）2752-1428
🕐 營業時間：15:30 ～ 18:00（週日店休）
⭐ 推薦：肉圓

4 巨無霸手工芋圓—通化街九份芋圓

位於臨江街觀光夜市的中段，主要是賣刀削冰和豆花，攤車上的各式配料看起來都非常美味，其中絕對不能錯過的就是芋圓。

雖然店家的招牌是刀削冰，但布咕先生還是偏愛豆花，點了一碗豆花加芋圓，豆花的表現不錯，口感滑順且帶有淡淡的黃豆香氣，而芋圓可說是巨無霸尺寸，湯匙都快無法負荷了，手工製作的大芋圓吃起來十分 Q 軟，還能吃到濃濃的芋頭味，相當推薦。

九份芋圓的攤位前方只有兩、三個座位，店家在一旁擺設了幾張桌椅，但是缺乏燈光照明，夜市的整體環境也較為擁擠，建議不妨外帶回家慢慢享用。

▶ INFO ◀

🏠 地址：臺北市大安區臨江街 87 號
📞 電話：0928-141-996
🕐 營業時間：18:00 ～ 01:00（週二店休）
⭐ 推薦：芋圓

⑤ 老店新址美味依舊—溫州街蘿蔔絲餅達人

　　過去在溫州街打出響亮名聲的蘿蔔絲餅店，現在移至和平東路上繼續經營，沿用老顧客熟悉的店名，老店新址美味始終如一，除了賣蘿蔔絲餅，這裡還有蔥油餅、蛋餅（即蔥油餅加蛋）及豆沙餅。

　　店門口經常都是大排長龍的盛況，布咕先生差點就買不到蘿蔔絲餅，所幸等了好一會兒，終於順利買到蘿蔔絲餅與蔥油餅。剛起鍋的蘿蔔絲餅熱騰騰的，一口咬開酥脆的外皮，內餡滿滿的都是蘿蔔絲，沒有過多的調味，吃得出蘿蔔絲的清甜滋味，搭配微鹹的餅皮，真的非常美味。

▶ INFO ◀

🏠 地址：臺北市大安區和平東路一段 186-1 號
📞 電話：（02）2369-5649
🕐 營業時間：07:00 ～ 20:00（週日店休）
⭐ 推薦：蘿蔔絲餅

6 真材實料的美味—糊塗麵

　　店址在溫州街 22 巷的糊塗麵，不起眼的店面一不留意就會錯過，建議從泰順街進入比較好找。打從聽到店名就非常好奇什麼是糊塗麵？根據網路搜尋的結果，據說是某日老闆糊裡糊塗地把要做成水餃皮的麵團桿成麵條下鍋，卻意外的大受歡迎而造就「糊塗麵」。

　　布咕先生點了糊塗麵及紅油抄手，一份抄手約有十顆左右，個頭雖不大但肉餡香甜有味，搭配麻麻辣辣的醬汁，十分過癮；糊塗麵的湯底有種深奧的味道，說不出個所以然，湯裡有蛋花、青菜與肉絲，加上手桿的粗麵條，說是大滷麵又不像，吸附濃稠湯汁的麵條吃起來特別香，口感彈牙又滑順，料多、麵多、湯多，整碗下肚非常具有飽足感。

INFO

🏠 地址：臺北市大安區溫州街 22 巷 11 號
📞 電話：（02）2366-1288
🕐 營業時間：11:00 ～ 20:00
🍴 推薦：紅油抄手、糊塗麵

鬧中取靜小清新—大安森林公園

　　大安森林公園是臺北市中心占地最為廣闊的都會公園，隨著捷運信義線的開通，要前往大安森林公園也更加方便，由捷運紅線的大安森林公園站即可直通園區，園內綠樹成蔭、草木扶疏，每逢花季更是色彩繽紛。

　　公園內設有各種休憩設施，像是涼亭、水池及露天音樂臺，同時規劃了慢跑道、自行車道，籃球場、溜冰場等運動空間，此外亦有兒童遊戲場，舉凡沙坑、滑梯、鞦韆，應有盡有，大片草地也很適合在此野餐。

▶INFO

🏠 地址：臺北市大安區新生南路二段 1 號

⑧ 美食激戰區—臨江街觀光夜市

臨江街觀光夜市又名通化街夜市，其範圍是基隆路與通化街之間的臨江街路段，有兩個主要入口，一為基隆路二段與臨江街口，此處和捷運棕線的六張犁站還有段距離；另一為通化街與臨江街口，周邊距離最近的捷運站為紅線的信義安和站。

從基隆路進入夜市，前段是一些小吃攤，再往裡面走，兩旁有許多服飾店，各式鞋包配件，應有盡有，中段後則為美食精華區，許多知名店家如梁記滷味、鄭記四神湯等均位於此區。

人文時尚愜意遊——師大龍泉商圈

　　位於臺灣師範大學旁而得名的師大商圈，在捷運松山新店線的臺電大樓站下車，由3號出口右轉師大路，步行約5分鐘即可抵達。

　　這裡擁有獨特的人文氣息，早期一度擴張為師大夜市，近年來由於當地居民抗議噪音與油煙問題，許多攤商和店家紛紛轉移陣地，漸漸從過去以餐飲為主的夜市型態，轉變成以服飾精品為主之商圈，充滿多元樣貌，深受年輕族群喜愛。

INFO

師大龍泉商圈：http://lq.klgift.com.tw/

臺北市
信義區

冬令暖胃補身——施家麻油腰花

　　當天氣漸漸轉涼，總是想來碗熱湯暖和身體，麻油雞是冬令補身的最佳選擇之一，而位於松山路的施家麻油腰花，一到冬日小小的店裡總是座無虛席，有時甚至需要排隊等候座位，且必須與他人併桌用餐，環境稍嫌擁擠，介意的人不妨外帶。

　　布咕先生點了麻油腰花湯與滷肉飯，腰花湯端上桌時表面浮著一層麻油，酒味不會太重，麻油香氣濃郁，往下一舀，裡頭有四、五片的腰花，店家建議由較薄的腰花開始食用，新鮮軟嫩的腰花，沾一點蒜蓉醬油膏就很美味，不敢吃麻油的人也可以選擇清湯；滷肉飯香氣十足，上面還有店家特製的醃蘿蔔乾，肥肉入口即化，不會讓人覺得油膩，但整體口味偏鹹。

INFO

🏠 地址：臺北市信義區松山路 540 巷 538-2 號
📞 電話：（02）2728-5112
🕐 營業時間：11:00 ～ 23:00（週一店休）
⭐ 推薦：麻油腰花湯

酥脆不膩別具風味—兄弟鹽酥雞

兄弟鹽酥雞就位於施家麻油腰花的附近，布咕先生享用完麻油腰花，決定散步到此買個飯後點心。這間鹽酥雞不像其他攤販由顧客自行夾取食材，而是需要排隊點餐、由店員代為服務，食材統一擺放在玻璃櫃內也比較乾淨衛生，點餐後先結帳取得號碼牌，店員會詢問是否加辣粉與蒜頭，推薦大家一定要加蒜頭。

這裡的鹽酥雞已先去骨，雖然價格較帶骨鹽酥雞稍貴一些，但無骨鹽酥雞吃起來就是痛快，軟嫩多汁的雞肉搭配九層塔與蒜頭，讓口感更添層次，別有一番風味。

INFO

🏠 地址：臺北市信義區林口街 51 號
📞 電話：0928-773-755
🕐 營業時間：週二～四，18:00 ～ 01:00
　　　　　　　週五～日，18:00 ～ 02:00（週一店休）
⭐ 推薦：鹽酥雞

臺北市

士林區

北投區

內湖區

中山區

松山區

大安區

信義區

文山區

大同區

中正區

萬華區

③ 古早味鹹香排骨—阿忠自助餐

　　在福德街上的阿忠自助餐，每到用餐時間總是大排長龍，人潮之多令人咋舌，隊伍整整橫跨五個店面，光是排隊點餐大概就要花費 20 分鐘，排隊時不難發現各式菜色可說是迅速被掃光，而店家會立刻再補上一盤。

　　快餐（便當）的主菜有魚排、排骨、雞腿、豬腳及焢肉，均可選擇三樣配菜，單買排骨或焢肉則是 40 元。在排隊等候時布咕先生就一直在猶豫要點什麼主菜，始終在排骨與焢肉之間拿不定主意，可惜最後焢肉賣完了，布咕先生選擇了排骨加豬腳，變成雙主菜！

　　以配菜來說，店家給的分量相當多，但菜色較為油膩，其中較推薦的是麻婆豆腐，辣度適中、十分下飯。古早味的排骨口感厚實，微微的鹹香滋味，吃完讓人意猶未盡；豬腳的外皮 Q 彈，不會太過軟爛，鹹香的滷汁帶有一絲甜味，非常甘醇開胃。

INFO

🏠 地址：臺北市信義區福德街 246 號

📞 電話：02 2759 1618

🕐 營業時間：週一～五，11:00～20:00
　　　　　　　週六 11:00～14:00

⭐ 推薦：排骨

④ 手擀寬麵 Q 彈有勁─南村小吃店

　　早期在三張犁一帶、現今世貿中心附近的四四南村，由於眷村居民來自各個不同省分，也帶來許多各地的特色麵食與家鄉味，之後老眷村拆遷，被饕客暱稱為小凱悅的南村小吃店便在莊敬路落腳。

　　店內的用餐環境相當寬敞，滷菜須到前臺點取，其他麵食類則寫在點餐單上即可，布咕先生點了炒麵、酸辣湯以及豆皮、牛肉、豬頭皮、油豆腐等滷菜，這裡的滷菜價格不算便宜，點菜的時候要斟酌一下，以免過量傷了荷包。

　　炒麵使用的是當天現擀的手工寬麵，以醬油為主要調味拌炒，口感帶有嚼勁，醬香十足且不死鹹，家常的味道卻讓人回味無窮；滷菜的部分，油豆腐軟嫩，豬頭皮 Q 彈，味道都相當不錯。

INFO

🏠 地址：臺北市信義區莊敬路 178 巷 12 號
　　　　臺北市信義區莊敬路 423 巷 8 弄 14 號
📞 電話：（02）8789-3628 ｜（02）2720-7388
🕐 營業時間：12:00 ～ 14:30，17:30 ～ 22:00
　　　　　　（週日店休）
⭐ 推薦：炒麵、滷菜

炒飯炒麵專賣店─香廚

　　位於捷運板南線永春站附近的香廚，在用餐期間店內總是人聲鼎沸，從進門至餐點上桌可能需要等候 15 分鐘以上，但大家等得心甘情願，為的就是一盤香噴噴的炒飯。店內燈光較為昏暗，整體環境有種復古的感覺，主要販賣炒飯、炒麵，同時也有一些熱炒類的菜色可供選擇，布咕先生這次點了牛肉蛋炒飯、塔香茄腸煲與蚵仔湯。

　　炒飯以牛肉片、高麗菜、洋蔥、雞蛋、青蔥等多樣食材與白飯大火快炒，米飯粒粒分明且香氣十足，大片的牛肉吃起來相當具有滿足感；以茄子、肥腸、九層塔及獨家醬料所煮成的塔香茄腸煲更是一絕，端上桌時九層塔的香氣逼人，軟嫩入味的茄子吸飽了醬汁的美味，肥腸入口時亦保有嚼勁，十分下飯，非常推薦；以蚵仔、嫩豆腐佐薑絲的蚵仔湯，湯頭清甜有味，蚵仔的新鮮度更是不在話下，以薑絲提味，蚵仔個個飽滿鮮甜，是整碗湯的精髓，整體表現極佳。

INFO

🏠 地址：臺北市信義區虎林街 121 巷 5 號
📞 電話：（02）8780-9557
🕐 營業時間：11:00 ～ 14:00
　　　　　　　17:00 ～ 21:00（週六店休）
⭐ 推薦：炒飯、蚵仔湯、塔香茄腸煲

6 雞排創始店──鄭姑媽小吃店

原本位於松山區巷弄內的鄭姑媽小吃店，可說是附近學生和上班族的最愛，店內販售各式羹麵與便當，也有乾麵及蛋包飯，其中最推薦的就是雞排飯，不僅份量大，雞排更是美味，目前店面遷回位於信義區的發跡地，相當推薦大家前往品嚐。

店內採自助式，到櫃檯點餐付款後，再找座位用餐，餐點上桌時可看到滿滿的雞排占據整個餐盒，份量比其他店家販售的雞排都要來的大，一口咬下，外皮炸得酥脆，肉質則是軟嫩多汁，一點兒也不乾柴，附有兩、三樣配菜，這樣的雞排飯僅賣 80 元，讓布咕先生覺得真是物超所值，平常光買一份雞排都要 60 元了。

▶ INFO ◀

🏠 地址：臺北市信義區忠孝東路五段 790 巷 25 弄 13 號
📞 電話：（02）2726-9150
🕐 營業時間：06:00 ～ 08:00，10:30 ～ 14:00，15:30 ～ 18:00（週末店休）
✪ 推薦：雞排飯

國父紀念館占地廣闊，範圍涵蓋本體建築與中山公園，周圍有許多綠地，正門的噴水池與花壇是園區的主要景觀之一，西南側的翠湖畔花木扶疏，景色優美，相當適合週末與家人、朋友一起在此度過悠閒的午後。位於捷運板南線國父紀念館站4號出口旁，交通十分便利，假日不妨帶小朋友來此跑一跑、動一動，釋放他們的精力。

▶ INFO ◀

國父紀念館：http://www.yatsen.gov.tw/tw/index.php

🏠 地址：臺北市信義區仁愛路四段 505 號

⑧ 俯瞰臺北 101 —象山親山步道

　　隨著捷運淡水信義線的開通，要前往象山步道也更為便利，由捷運象山站步行至登山口約 10 ～ 15 分鐘的路程，你或許會納悶為什麼帶大家來這裡登山呢？因為在這裡除了能夠擁抱山林，還可以近距離俯瞰臺北 101 聳立在眼前，更是飽覽臺北盆地璀璨夜景的絕佳地點。

　　不過想要登高望遠勢必得付出一些勞力，從登山口至觀景臺的路程雖不遠，但全是有點陡的上坡階梯，其實需要耗費相當的體力；大概 15 分鐘左右即可抵達觀景臺，此處總是聚集許多攝影好手，以及為了一睹夜景之美的民眾與外籍遊客。拾級而上的過程雖然辛苦，然而你會發現這一切都是值得的，當耀眼的夜景就呈現在你眼前，別忘了多拍幾張照片留念唷！

INFO

🏠 GPS 坐標：25.0276063,121.5709138

原創基地—松山文創園區

　　喜歡創意展演或各式文創商品的人不妨到國父紀念館附近的松山文創園區逛逛，此處自日據時代起即興建為松山菸草工廠，直到 1998 年停止生產後才正式走入歷史，在 2001 年成為市定古蹟，近年來更轉型為松山文創園區，不定期舉辦各類展覽表演活動，非常適合呼朋引伴到此一遊，逛累了還可至一旁的誠品生活松菸店喝個下午茶，或是在廣場上的座椅小憩，欣賞生態池的景色，悠閒地度過愜意的週末。

INFO

松山文創園區：http://www.songshanculturalpark.org/

🏠 地址：臺北市信義區光復南路 133 號

臺北市
文山區

先炸再烤超美味—萬隆碳烤香雞排

剛才到達位於羅斯福路六段的店家門前時，看到沒有人排隊心中還竊喜了一下，心想「太棒了！不必等很久」，結果還是等了一陣子，原因是許多人都會先以電話訂購，再到現場取餐。

這裡的碳烤雞排是採用先炸再烤的方式處理，炸雞排起鍋先將油瀝乾，然後刷上醬汁碳烤，店家特調的醬汁嚐起來甜甜的，有點類似蜜汁口味，雞排的肉質並沒有因為先炸再烤而顯得乾柴，多了醬汁增添風味，反而更加襯托出雞肉的香甜，而碳烤的火侯也掌握得非常好，醬汁與芝麻的香氣均充分滲入雞排中，相當推薦，值得一試。

INFO

🏠 地址：臺北市文山區羅斯福路六段 33 號
📞 電話：（02）2930-8630
🕐 營業時間：16:00 ～ 23:00（週日店休）
✿ 推薦：碳烤香雞排

② 家常美味麵疙瘩—京華小吃店

在政大附近的京華小吃是一間沒有招牌的店，不仔細看很容易錯過，但它卻是政大學生覓食的好所在，也是許多畢業生懷念的好味道。店內主要販賣麵食與飯類，布咕先生點了一份炒麵疙瘩以及不常見的炸餛飩。

以香菇、肉絲及青菜拌炒的麵疙瘩，吸收了所有食材的味道，不像其他店家的麵疙瘩，有時僅有生麵粉的味道，而沒有融合食材的滋味，略帶厚度的片狀麵疙瘩，吃起來軟硬適中且帶有嚼勁。

炸餛飩一份 8 顆只要 35 元，價格非常的親民，外皮炸得金黃酥脆，就像是在吃餅乾，灑上一點胡椒增添香氣，尾韻可以嚐到肉餡的鮮甜滋味，是來到這裡必嚐的一道小點。

▶ INFO ◀

🏠 地址：臺北市文山區新光路一段 13 號
📞 電話：（02）2939-6432
🕐 營業時間：11:10 ～ 19:30（週日店休）
⚙ 推薦：炒麵疙瘩、炸餛飩

③ 雙倍美味的口感—高記雙管四神湯

　　位在景美夜市的高記雙管四神湯，店裡主要是賣油飯、麵線及四神湯等傳統小吃，其中最獨特的就是雙管四神湯，「雙管」指的是在小腸中再塞入小腸，讓整體口感更為Q彈。

　　布咕先生點了油飯與雙管四神湯，油飯的軟硬適中且香氣十足，吃得出香菇、肉絲等配料，再搭配桌上的甜辣醬，真的是唇齒留香；四神湯的湯底帶點中藥味，但不會過於強烈，屬於溫和的清淡藥香，雙層的小腸吃起來相當有嚼勁，不會太過軟爛，也不至於咬不斷，愈嚼愈能帶出豬腸的香氣。

INFO

🏠 地址：臺北市文山區景美街 139 號
📞 電話：0989-208-246
🕐 營業時間：15:00 ～ 22:30（週一店休）
⭐ 推薦：油飯、雙管四神湯

④ 平實的庶民小吃─老娘米粉湯

　　位於木柵路一段的老娘米粉湯，最受歡迎的菜色就如同店名所示為米粉湯，除了米粉湯之外，店家也提供其他麵食、抄手及小菜等。一走進店內，立刻就能看見琳瑯滿目的滷味與各式小菜，不過還是得先填點餐單再由服務人員送上桌。

　　布咕先生點了店家的招牌米粉湯，端上桌時雖然沒有撲鼻的香氣，但湯頭喝起來相當甘甜順口，湯裡還加了芹菜與油蔥增添香味，讓整碗米粉湯精華所在的湯頭更為香濃，選用較粗的米粉，火侯控制得很好，吃起來香 Q 彈牙，不會過於軟爛。

　　肉燥乾麵的醬料帶有蒜蓉與花生粉的味道，紅油抄手的醬料與其他店家不同，吃起來口味十分獨特，帶有花椒的麻、辣椒的辣、以及花生粉的香甜，非常推薦。

INFO

🏠 地址：臺北市文山區木柵路一段 277 號
📞 電話：（02）2236-7889
🕐 營業時間：17:00 ～ 00:00（週日店休）
⭐ 推薦：米粉湯、紅油抄手

⑤ 名人也愛的蒸包—青島包子舖

　　青島包子舖位於興隆公園附近，距捷運文湖線的萬芳醫院站大約 10 分鐘的路程，在網路上看到許多人推薦店家特有的豆腐蒸包，便一直想前往探個究竟，可惜布咕先生撲了個空，當天的豆腐蒸包早已銷售一空，最後僅能購買鮮肉蒸包與高麗菜蒸包嚐鮮。

　　蒸包的外皮以老麵製成，吃起來帶有獨特的麵粉香氣，口感也較為紮實，鮮肉蒸包與高麗菜蒸包的內餡均有高麗菜，加入高麗菜的鮮肉蒸包味道更加鮮甜，可說是汁多味美；高麗菜蒸包的口味算是比較清淡，不過仍吃得出高麗菜的鮮甜滋味。

　　整體而言，鮮肉蒸包的表現優於高麗菜蒸包，若要購買豆腐蒸包則必須在下午三點半之前到現場排隊，無法事先以電話訂購唷！

INFO

🏠 地址：臺北市文山區興隆路二段 220 巷 10 號
📞 電話：（02）2932-9654
🕐 營業時間：07:30 ～ 11:00，15:30 ～ 19:00
　　　　　　（週三店休）
⭐ 推薦：鮮肉蒸包、豆腐蒸包

6 料多實在的好味道—景美豆花

這個位在景美夜市裡的豆花攤位雖不大，但是攤位後方的座位還不少，不過還是時常大排長龍。這裡冷熱甜品均有，熱食有花生湯與紅豆湯可供選擇；豆花的配料種類相當多元，有愛玉、鳳梨、粉圓、芋圓、花豆、紅豆、綠豆等。

布咕先生點了一碗紅豆豆花加芋圓，豆花的口感綿密、入口即化，吃得出黃豆香氣，還帶有微微的炭香味；芋圓吃起來 Q 軟有嚼勁，有股淡淡的芋頭香氣，紅豆則燉煮的十分軟爛，紅豆湯甜而不膩，在冷冷的寒冬中喝上一碗，實在相當暖心啊～

INFO

🏠 地址：臺北市文山區景美街 86 號
📞 電話：（02）2932-6257
🕐 營業時間：16:00 ～ 00:30
➡ 推薦：豆花

市場懷舊美食—景美觀光商圈

　　位於文山區的景美觀光商圈，以木柵路一段至景中街之間的景美街為中心，白天是傳統市場，晚上搖身一變成為夜市，雖然涵蓋的區域範圍並不大，但由於商圈內的攤販眾多，且各攤商的特色迥異、辨別度高，是周遭許多上班族與學生經常光顧之地，加上交通便利，在捷運松山新店線的景美站下車即達，近年來到此尋覓美食的旅客呈現日益增多的趨勢。

⑧ 童年的回憶—市立動物園

　　對於從小在大臺北地區成長的布咕先生而言，位於木柵的臺北市立動物園可說充滿童年的回憶，現在仍三不五時就會想到動物園走走，受惠於捷運帶來的便捷交通，搭乘捷運文湖線至終點的動物園站下車即可抵達。

　　到了動物園可以持悠遊卡直接刷卡入園，省下排隊購票的時間，若是假日記得向入口處的驗票人員索取大貓熊館的入場券，就能依票券上所示的時段入館看貓熊唷！若是帶著幼兒推車的父母，建議至左側搭乘遊園列車站到上方的鳥園車站，再一路慢慢逛下來。

　　想從動物園內乘坐纜車至貓空的遊客，不妨沿途逛亞洲熱帶雨林區、非洲動物區、兩棲爬蟲動物館及企鵝館等，最後再從鳥園車站搭乘接駁巴士至貓纜動物園內站，就能在逛完動物園後乘坐纜車到貓空走走、泡茶放空。

▶ INFO ◀

臺北市立動物園：http://www.zoo.gov.taipei/
🏠 地址：臺北市文山區新光路二段 30 號
🕐 開放時間：09:00 ～ 17:00
貓空纜車：http://www.gondola.taipei/
🕐 營運時間：週二～四，09:00 ～ 21:00
　　　　　　週五 09:00 ～ 22:00
　　　　　　週六 08:30 ～ 22:00
　　　　　　週日 08:30 ～ 21:00

臺北市

大同區

1 可遇而不可求—八筒魯肉飯

　　位在延平北路五段巷弄裡的八筒魯肉飯，網路上人稱謎樣的魯肉飯，老闆做生意非常之隨性，可不是你想吃就能吃得到，布咕先生已經撲空了好幾次，今天總算讓我們相遇了。

　　入內點了魯肉飯、豆腐及香菇排骨湯，可惜來得有點太早，店家的高麗菜還沒準備好。這裡的魯肉飯有一種特殊香味，白飯上的魯肉以肥肉為主，吃起來香氣濃郁，卻完全不會感到油膩，而是有點黏稠的膠質感；香菇排骨湯的排骨事先經過醃漬，味道十足，湯頭帶有白蘿蔔燉煮的清甜味，相當適合搭配魯肉飯一起食用。

▶ INFO

🏠 地址：臺北市士林區延平北路五段 81-2 號
📞 電話：（02）2816-8578
🕐 營業時間：11:30 ～ 19:00（週一～二店休）
✪ 推薦：魯肉飯

② 天然紅豆腐—紅昌吉

在昌吉街上的這間豬血湯，每到用餐時間總是門庭若市，店內主要是賣魯肉飯、豬血湯及各式小菜，布咕先生經常點的組合是魯肉飯與菜單上沒有的隱藏版大腸湯。一旁的醬料相當多樣化，其中的招牌是店家自製的韭菜醬，這也是布咕先生十分推薦、絕對不能錯過的，加了蒜末的韭菜醬能夠去油解膩，讓魯肉飯吃起來更加爽口。

將魯肉飯拌勻後，香 Q 的白米飯加上濃厚的魯肉香，讓人一口接著一口，吃完之後口齒留香，別忘了加點蒜末韭菜醬，又是另一種風味，香醇的醬汁帶有白醋的酸香及韭菜的辛香，非常下飯；大腸湯的表面浮著一層油與滿滿的韭菜，入口後油脂與湯頭巧妙的融為一體，帶出高湯的甜味，在口中慢慢釋放，湯裡的大腸呈現棗紅色，應該有事先滷過，吃起來富有嚼勁，且愈嚼愈香，絕妙的味道讓人意猶未盡。

INFO

🏠 地址：臺北市大同區昌吉街 46 號
📞 電話：（02）2596-1640
🕐 營業時間：10:00 ～ 22:00（週一店休）
⭐ 推薦：魯肉飯、大腸湯

③ 銅板美食—黃福龍脆皮蔥油餅

在華陰街與太原路交叉處的這攤蔥油餅，一到營業時間總是吸引長長的排隊人龍，老闆就只賣蔥油餅，僅有加蛋與不加蛋的區別；這兒的蔥油餅都是現擀現炸，可以看到老闆當場將麵團擀成餅皮、下鍋油炸，等到麵皮半熟時再加入一顆蛋。

蔥油餅的外皮炸得金黃酥脆，一口咬下酥酥香香，沒有油膩感或油耗味的問題，餅皮嚼起來有股淡淡的甜味，搭配中間的滑嫩雞蛋，整體呈現外酥內嫩的口感，相當具有層次，口味上可依個人喜好選擇加辣或不加辣，很適合作為下午逛街之餘的點心。

INFO

🏠 地址：臺北市大同區太原路 19 號
📞 電話：0926- 643-253
🕐 營業時間：12:00～20:00（週二休）
⭐ 推薦：蔥油餅加蛋

④ 台式古早味—黑點雞肉食堂

　　黑點雞肉食堂在距離建成圓環不遠處的華亭街上，雖說營業時間是從早上一直到晚上，但或許是經濟實惠的小吃太受歡迎，讓老闆每每在下午六點之前就提早打烊，布咕先生有好幾次前去都撲空，一度還以為店家結束營業了，終於在某天下午讓布咕先生如願以「嚐」。

　　入內點了雞油飯與一盤雞肉，對布咕先生而言，看似簡單的雞油飯有種說不出的致命吸引力，白飯淋上飽含雞肉美味精華的雞油與油蔥調製而成的醬汁，那香氣令人不禁食指大動，雞肉嚐起來肥嫩多汁，即使是雞胸肉，也沒有肉質乾柴的問題，不過單吃有點偏鹹，拿來配飯剛好。

INFO

🏠 地址：臺北市大同區華亭街 2 號
　　　臺北市大同區華亭街 38 號
📞 電話：（02）2558-0754 ｜ （02）2555-2531
🕐 營業時間：09:00 ～ 21:00（賣完為止，通常在 18:00 之前就會打烊）
⭐ 推薦：雞油飯、雞肉

5 傳統中式早餐店—重慶豆漿

在大龍峒孔廟附近的重慶豆漿，外觀和一般的早餐店沒兩樣，不過店家的招牌炸蛋餅可說是赫赫有名，除了炸蛋餅之外，店內以販賣饅頭、飯糰、燒餅油條等傳統中式早餐為主。

布咕先生點了招牌炸蛋餅與豆漿，豆漿喝起來偏甜，但口感滑順，帶有淡淡的焦香味；炸蛋餅上桌時會撒上胡椒提味，滿滿的胡椒香氣撲鼻而來，現炸的餅皮口感酥酥脆脆，吃起來不油不膩，混合了蔥香與蛋香，亮點是炸蛋餅內還加了菜脯，鹹度適中的菜脯帶出了餅皮的麵香，讓整個炸蛋餅的味道更有層次。

INFO

🏠 地址：臺北市大同區重慶北路三段 335 巷 32 號
📞 電話：（02）2585-1096
🕐 營業時間：05:30 ～ 11:30（週三店休）
⭐ 推薦：招牌炸蛋餅

⑥ 大火快炒的美味──阿寶師台東鱔魚麵

　　阿寶師台東鱔魚麵位於臺北大橋頭附近的延三夜市內，用餐座位就設置在騎樓旁的空地上，點餐後需要等候一段時間，對布咕先生而言是相當煎熬的過程啊！食材經過大火快炒香氣十足，除了在一旁讚嘆老闆快手翻炒的功夫，內心也跟著翻騰起來。

　　這裡的鱔魚麵煮法是先將油麵燙熟後，再把炒好的鱔魚和醬汁淋在上面，原本認為沒有一起拌炒的麵條可能無法入味，後來發現完全沒有這個問題。端上桌的鱔魚麵一盤大約有七、八片鱔魚，麵條吸附了滿滿的醬汁，帶著酸酸甜甜的滋味，卻不會過於刺鼻，相當推薦，唯一的缺點就是要耐心等待。

▶ INFO ◀

🏠 地址：臺北市大同區延平北路三段 19-1 號旁
📞 電話：0986-123-181
🕐 營業時間：16:30 ～ 24:00
⭐ 推薦：鱔魚麵

7 冰火交融的絕妙滋味—祥記純糖麻糬

在夏天想吃刨冰消暑，而冬天則想吃燒麻糬暖身，但你嚐過綜合兩者的燒麻糬冰嗎？聽起來是不是很特別？位於延三夜市的祥記，店內除了燒麻糬冰外，亦有花生湯、紅豆湯等傳統甜品。

燒麻糬冰上桌之前，老闆會先將燒麻糬切成小塊，沾上花生粉與芝麻，最後放在加了煉乳的刨冰上，熱騰騰的燒麻糬搭配清涼的刨冰，吃進嘴裡形成冷熱交融的滋味，相當有趣；店家使用的花生粉顆粒較粗，與其他店家相較，吃起來更有口感，整體表現不錯，推薦大家不妨來此嚐試這冰火交融的絕妙滋味。

INFO

- 地址：臺北市大同區延平北路三段 12 號
- 電話：（02）2594-2328
- 營業時間：16:30 ～ 00:00（週一店休）
- 推薦：燒麻糬冰

⑧ 遵循古法的焦香風味—杉味豆花

　　位於延平北路三段的杉味豆花，店面裝潢以復古風格為主，傳統的中式地磚搭配木製桌椅與古色古香的擺飾，讓人一走進店內即可感受到濃濃的懷舊氛圍；店內販售的甜品種類眾多，有各式養身甜湯、豆花、刨冰，甚至是茶飲，品項高達 50 種以上。

　　布咕先生點了豆花加兩樣配料，店家的配料給得相當大方，整碗豆花都快要滿出來了，豆花的口感綿密且帶有淡淡的焦香味，搭配甜而不膩的糖水，特殊的焦香味讓看似平淡的豆花層次更加提升，配料的口感也相當好，嚐得到芋頭與地瓜的香味，整體表現讓人驚嘆不已！若不是距離布咕先生居住的地方有點遠，肯定每天都想吃上一碗！

INFO

🏠 地址：臺北市大同區延平北路三段 56 號
📞 電話：（02）2598-3638
🕐 營業時間：11:00 ～ 24:00（週一店休）
🔄 推薦：豆花

老臺北人的懷舊味道—延三觀光夜市

鄰近捷運橘線大橋頭站的延三觀光夜市，攤商聚集的範圍以民權西路至昌吉街之間的延平北路三段為主而得名，有許多經營超過三、四十年的店家分布於兩側道路，是許多老臺北人記憶中的美食聚落，吸引不少饕客前往尋覓各式傳統小吃。

⑩ 消失的臺北後站─華陰街徒步區

　　配合捷運淡水線的興建，臺鐵淡水支線於 1988 年停止營運，正式走入歷史，臺北後站在隔年被一把無名火給燒毀，淡水支線專用的第六月臺也於 1990 年拆除，隨著鐵路地下化工程的完工，乘載許多老臺北人生活記憶的舊車站消失殆盡，但直到今日，後站商圈依然是大家假日尋寶的好去處。

　　以華陰街為主的後站商圈，範圍涵蓋重慶北路一段、承德路一段、長安西路、華陰街、太原路和鄭州路，主街以皮件、服飾、行李箱及各類百貨批發為主，周遭的環狀商圈則是由女孩們愛不釋手的飾品與 DIY 材料行所構成，當前日韓流行的髮飾、耳環、項鍊及文創小物都可在此尋獲，且物美價廉，讓人目不暇給。

▶ **INFO** ◀

華陰街徒步區：https://www.facebook.com/huayinstreet/

🕐 營業時間：週一～六，10:00 ～ 20:00
　　　　　　週日 10:00 ～ 19:00

🕐 封街時間：週六～日，14:00 ～ 20:00

① 色、香、味俱全—金峰魯肉飯

位於羅斯福路上的金峰魯肉飯，可說是家喻戶曉的魯肉飯名店，不僅深受國人喜愛，也相當受到外籍旅客歡迎。

布咕先生點了魯肉飯與排骨酥湯，湯一上桌，排骨酥的香味立刻撲鼻而來，湯裡的冬瓜與事先醃過並油炸的排骨酥一起放進蒸籠裡蒸煮，口感軟而不爛、保有原來的纖維，淡淡的甜味、香味與醬油味在湯中融為一體。

每一碗魯肉飯均附有傳統的醃瓜，嚐起來微鹹且帶有脆度，飯端上桌時即可聞到淡淡的魯肉香，吃進嘴裡散發出香菇、八角、五香粉與醬油完美結合的味道，魯肉則是燉煮到呈現濃稠膠質，搭配香Q的白米飯，色、香、味俱全，讓人一口接著一口停不下來。

INFO

🏠 地址：臺北市中正區羅斯福路一段 10 號
📞 電話：（02）2396- 0808
🕐 營業時間：08:00 ~ 01:00
⭐ 推薦：排骨酥湯、魯肉飯

傳說中的限量肉圓─同安街麵線羹

在同安街上的這間麵線羹，位於人車較少的道路旁，店面不太顯眼，是內行人才會知道的隱藏版美食，店裡只賣麵線、肉羹、肉圓、麵線羹及臭豆腐，用餐環境為半開放式空間，部分座位設置於騎樓，在意衛生條件的人需加以考慮。

布咕先生點了臭豆腐、肉圓及麵線羹，特別的是這裡的臭豆腐並非常見的酥炸臭豆腐，而是紅燒臭豆腐，且臭豆腐的味道非常濃厚，吃起來相當過癮；麵線羹的配料豐富，裡面有肉羹、腸子、丸子、筍絲和木耳等，在上桌前還會加上一大匙特調醬料，稍微拌勻後再享用，帶點微酸的口感讓麵線羹嚐起來更加開胃。

聽說店家的肉圓總是很快就賣完，這次布咕先生十分幸運，能夠品嚐到傳說中的美食，肉圓除了淋上粉色的甜辣醬，也加了醬油膏，與其他店家相比，肉圓的醬料較為清爽，但卻不失美味。

INFO

🏠 地址：臺北市中正區同安街 85-1 號
📞 電話：（02）2368-4231
🕐 營業時間：12:30 ～ 20:00
⭐ 推薦：麵線羹、臭豆腐、肉圓

③ 冰與火的雙重享受—得記麻辣 · 鴉片粉圓

在公館夜市裡有著各式各樣的美味小吃，若沒有老饕帶路很容易陷入選擇性障礙，不知道該怎麼決定？得記港式麻辣就是在朋友的推薦下一試成主顧，除了賣臭豆腐與麻辣鴨血，一旁的店面則是賣鴉片粉圓，不論你選擇哪一邊，兩邊的小吃都可以互點。

初次造訪得記，布咕先生點了麻辣五更與鴉片粉圓，麻辣五更端上桌時湯頭一片紅通通的顏色，裡面有三、四塊臭豆腐及七、八塊鴨血，分量算是非常多，鴨血與豆腐煮得相當入味，湯頭入口時並不覺得辣，而是在尾韻中慢慢釋放出來，平常不太吃辣的人，建議食用小辣即可。

至於鴉片粉圓的部分，可以看到滿滿的粉圓鋪在碎冰上，事先以糖水浸泡過的粉圓，吃起來帶有微甜的軟Q口感，搭配透心涼的糖水清冰，一口熱呼呼的麻辣鴨血，一口冰涼涼的鴉片粉圓，可謂冰與火的雙重享受。

INFO

🏠 地址：臺北市中正區羅斯福路四段 52 巷 16 弄 4 號
📞 電話：（02）2364-9616
🕐 營業時間：11:00 ～ 23:30
⭐ 推薦：鴉片粉圓、麻辣五更

道地手工上海包子—古亭三六九

位於同安街上的古亭三六九，是一間老字號的手工上海包子店，店家承襲了老上海的精湛手藝與傳統口味，店內販售的品項有包子、饅頭、肉粽及蘿蔔糕等。布咕先生買了最愛的芝麻素包和市面上較為少見的青江菜肉包，以分量來說，這裡的包子個頭不大，一顆 25 元價格稍貴。

芝麻素包使用顆粒較粗的芝麻粉製成內餡，口味偏甜，並沒有讓布咕先生感到驚豔；青江菜肉包的餡料以菜為主，肉末只是點綴，保有脆度的青江菜，內餡中帶著肉末的滋味與香氣，讓整顆包子吃起來清甜不膩，每一口都吃得到青江菜與肉末混合的好滋味。

INFO

🏠 地址：臺北市中正區同安街 49 號
📞 電話：（02）2363-5950
🕐 營業時間：06:00 ～ 13:30（週一店休）
❤ 推薦：青江菜肉包

⑤ 70 年代的懷舊氛圍—東一排骨

東一排骨臺北總店位於西門町附近一棟不起眼老舊大樓的二樓，通常餐飲店較少選擇二樓作為店面，這讓布咕先生對店家更增添了一些好奇心；上樓之後，整體的店面裝潢呈現 70 年代的西餐廳風格，彩色燈罩、金色燈泡，也有人認為像是夜總會，布咕先生倒是覺得具有港式餐廳的氛圍。

入座後不必填寫點餐單，決定好要點什麼，招手請服務人員到桌邊即可。排骨飯有三樣配菜並附湯，白飯上面還會澆淋肉燥，滷汁的香氣濃郁卻不油膩，讓人不一會兒就把飯給吃光；事先醃漬過的排骨沾裹濕粉，入油鍋炸得金黃酥脆，外皮酥香肉質厚實有味，吃起來有一種特殊的懷舊滋味，讓人吮指回味啊！

⌗INFO⌗

🏠 地址：臺北市中正區延平南路 61 號
📞 電話：（02）2381-1487
🕐 營業時間：11:00 ～ 20:15（週一店休）
⭐ 推薦：排骨飯

100

⑥ 飽足感十足的韭菜盒—大三元豆漿店

位於古亭智慧圖書館對面的大三元豆漿店，其韭菜盒與豆漿受到許多饕客的一致推薦，今日布咕先生臨時起意，趕在店家收攤前買到所剩不多的韭菜盒與豆漿，真是開心！

豆漿可選擇無糖或是微甜，喝起來帶有濃郁的黃豆香氣，嚐得出微微的炭燒味；韭菜盒的外皮口感香酥，一口咬下，滿滿的韭菜與粉絲、豆干，分量之多，女生吃完一個差不多就飽了。

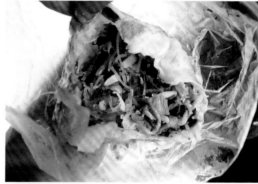

店家的韭菜內餡已有調味，單吃就能品嚐到各項食材融合的好滋味，若是喜好重口味的人，推薦可以加些辣椒醬或甜辣醬。

INFO

🏠 地址：臺北市中正區寧波西街 233 號
📞 電話：（02）2303-3089
🕐 營業時間：06:00 ～ 10:00（週一店休）
✪ 推薦：韭菜盒、豆漿

⑦ 早餐就該這樣吃—汀州路無名鹹粥

在汀州路上的這間鹹粥店沒有招
牌、亦沒有店名，卻不減店內小吃對
於饕客的吸引力，店家主要是賣鹹粥、
麵類及各式小菜，其中推薦必嚐的就
是香菇肉粥、紅燒肉與雞捲。

在微冷的早晨嚐一口帶有豐富油
蔥香氣的熱粥，整個胃瞬間暖和起來，
香菇肉粥的味道鹹淡適中，湯頭裡有
些許肉絲、香菇及蛋末相佐，搭配小
菜炸物，美味飽足。

紅燒肉的外皮焦香酥脆，咀嚼時
還會發出喀滋聲響，吃起來帶有淡淡
的五香味道，搭配店家特調的豆瓣醬，
相當具有層次，是許多熟客的最愛。

現做的手工雞捲雖然炸至略呈焦
色，入口卻是鮮嫩多汁，爽脆的蔬菜
口感，讓整個雞捲更增甜味，是不可
錯過的人氣商品。

INFO

🏠 地址：臺北市中正區汀州路一段 90 號
📞 電話：0937-521-095
🕐 營業時間：06:00 ～ 20:00
⭐ 推薦：雞捲、紅燒肉、香菇肉粥

CP 值破表的黑白切—南機場無名麵店

在南機場夜市裡，有著一間 24 小時營業，包辦早、午、晚三餐及宵夜的無名麵店，不論是味道或價格都無可挑剔，經濟實惠又超級美味。

店家主要是賣麵、湯及各式小菜，座位分散於店內和室外，用餐環境並不能說好，不過這裡的乾麵或陽春麵均只要 20 元，淋上油蔥、肉燥和醬料的乾麵，拌勻之後就非常好吃，會讓人一口接著一口，簡直欲罷不能。

推薦必點的小菜就是黑白切，即把各式小菜隨意拼成一盤，每次都可以嚐到不同的味道，布咕先生這次拿到的是豬肺、大腸與豬舌頭，黑白切的豬內臟完全沒有腥味，一定要試試。

INFO

🏠 地址：臺北市中正區中華路二段 311 巷 22 號
🕐 營業時間：24 小時
⭐ 推薦：意麵、黑白切

文化創意產業園區—華山 1914

　　位於臺北科技大學旁的華山藝文特區，前身是臺北酒廠，目前為市定古蹟，自 1999 年起即轉型成為提供藝文界與非營利組織使用之展演場地，扭轉國人對古蹟的刻版印象，同時園區內也有許多輕食、咖啡、餐廳、店舖及劇院、電影館等設施，近年來隨著野餐風潮的興起，這裡的草地亦成為城市野餐的最佳地點之一，算是兼具休閒、娛樂、文化、藝術之多功能空間，由捷運板南線忠孝新生站 1 號出口步行約 3 ～ 5 分鐘即可抵達。

INFO

松山文創園區：http://www.songshanculturalpark.org/
🏠 地址：臺北市信義區光復南路 133 號

⑩ 臺北國際藝術村—寶藏巖

位於公館商圈旁的寶藏巖，是熱鬧都市中的一處靜謐小角落，在捷運松山新店線的公館站下車，沿著汀州路三段往福和橋方向走，就可以進到這寧靜的村落，其所處的位置就像是座山城，隔絕了都市的繁華之氣。

寶藏巖觀音寺過去是福建泉州移民的信仰中心，為臺北市最古老的佛寺之一，附近高高低低的建築所形成之歷史聚落，現今則成為一個藝居共生的小型國際藝術村，規劃有寶藏家園、駐地工作室和閣樓青年會所等，提供各類展演活動空間，開放民眾免費參觀，假日不妨來此走走，欣賞駐村藝術家的創作。

▶ **INFO**

寶藏巖：http://www.artistvillage.org/
🏠 地址：臺北市中正區汀州路三段 230 巷 14 弄 2 號
🕐 開放時間：週二～日，11:00 ～ 22:00
　　　　　　（展覽僅開放至 18:00）

⑪ 水岸藝文空間─紀州庵文學森林

　　逛完寶藏巖，還可以搭乘捷運至鄰近的紀州庵文學森林，由松山新店線古亭站 2 號出口後方沿同安街步行，約 10 分鐘即可抵達。

　　建於日據時代的紀州庵，原為日式料理屋，在戰後轉作公務人員宿舍，1990 年代歷經兩次大火，本館及別館焚燒殆盡，舊有的日式建築只留下離屋。迄今已有百年歷史的紀州庵，於 2004 年被評為市定古蹟，修復後的離屋保留了原來的格局，作為文學推廣活動之用。

　　一旁獨立的新館則規劃有多功能展演廳、文創書店、風格茶館及綠意舞台等，戶外城南文學公園的老樹下更是曬太陽、閱讀好書的愜意空間。

INFO

紀州庵：http://www.kishuan.org.tw/
🏠 地址：臺北市中正區同安街 107 號
🕙 開放時間：10:00～18:00，週五～六延長至 21:00（週一休館）

臺北市

萬華區

小資族的最愛—潘記燒肉飯

　　位於艋舺大道巷弄中的這間燒肉飯，其隱密程度若是沒有在地人帶路可能會遍尋不著，不起眼的店面內座位數不多，餐點以鹹粥搭配小菜為主，另外也有燒肉飯、肉捲飯、麵類及湯。

　　一碗20元的鹹粥，上桌時會加上一些油蔥酥和芹菜末，稍加拌勻時發現粥裡還有幾塊肉羹，油蔥帶出了湯頭的滋味，使得整碗鹹粥的美味更加提升；燒肉飯的肉可選擇五花肉或是瘦肉，布咕先生偏好肥中帶瘦的口感，當然優先選擇了五花肉，白飯先澆淋滿滿的魯肉，然後擺上紅燒肉，最後加上燙青菜，一份只要50元，CP值極高。

　　紅燒肉炸得相當酥脆，搭配鹹甜的醬汁，真的讓人忍不住要多扒幾口飯，魯肉的味道適中，不會太鹹或過於油膩，充分襯托出燒肉飯的好味道，值得推薦！

INFO

🏠 地址：臺北市萬華區艋舺大道120巷37號
📞 電話：（02）2338-1090
🕐 營業時間：08:00～19:00（週三店休）
✪ 推薦：燒肉飯

② 聞香下馬─阿忠碳烤

　　行經西門町的阿忠碳烤附近即可聞到吸引人的燒烤香味，讓布咕先生不由得立刻停下機車上前購買，店家準備的食材種類相當多樣化，簡直讓人眼花撩亂、不知道該選什麼才好，最後挑了幾樣肉串、蔬菜與甜不辣，由於是現點現烤，必須要耐心等待一段時間。

　　特別的是烤好的食材以鋁箔袋包裝，可以保持溫度，相當貼心。經過炭火燒烤的茄子，再刷上店家特製的醬汁之後，軟嫩鮮甜的味道真的是會讓人招架不住；另一個值得推薦的品項是培根串，以培根捲裹著金針菇，讓滋味更加具有層次，培根吃起來不會死鹹，清爽的金針菇及醬汁更是為美味加分。

　　整體而言，雖然價格不算便宜，但是碳烤的香氣十足，遠遠地就能聞到，醬汁亦調配得相當好，能增添食材的風味，千萬別錯過唷！

▶ INFO

🏠 地址：臺北市萬華區昆明街 192 號
📞 電話：0933-932-938
🕐 營業時間：17:30 ～ 01:00
⭐ 推薦：茄子、培根串

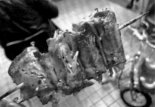

③ 醃梅魯肉飯─李記宜蘭肉焿

在中興橋附近的環河南路上有不少古早味的小吃店,其中這間李記宜蘭肉焿已開業逾三十年,店裡主要是賣魯肉飯、炒米粉、豬血湯以及焿湯,能夠在此屹立不搖靠的就是樸實的好滋味。

布咕先生點了魯肉飯、炒米粉與豬血湯,這裡的魯肉飯與其他店家有些不同,在肉燥裡還加了醃梅,讓整體味道由鹹香中釋放出甘甜,比一般的瓜子肉更加美味;炒米粉則是在裝盤後再淋上一匙肉燥與蒜泥,拌勻後淡淡的魯肉香配上蒜泥的嗆辣,帶出與眾不同的風味,敢吃辣的人不妨加一點店家特製的辣椒醬,更增添一股辣勁;豬血湯中加入自製的沙茶醬,讓大骨高湯的美味更加提升,可說是整碗湯的靈魂,真是絕配啊!

INFO

🏠 地址:臺北市萬華區武昌街二段 103 號
📞 電話:(02)2381-7493
🕓 營業時間:09:00 ~ 20:30
⊙ 推薦:魯肉飯、豬血湯

在地人專屬的巷弄小吃──蘇家蚵仔麵線

　　在萬華的巷弄中藏了不少鮮為人知的平價美食，這間蘇家蚵仔麵線就是其中之一，隱身在狹小的巷弄中，幾乎可以說是只有在地人才會知道，店內只販售一種小吃——蚵仔麵線，而根據布咕法則，通常只賣一項商品的店家都相當專精，不可小覷！

　　立刻點了一碗蚵仔麵線嚐鮮，老闆在端上桌前加了醬料和香菜，麵線裡除了蚵仔之外，還有花枝與大腸，不論是口感或味道都表現得不錯，湯頭嚐得出是以大骨熬製，勾芡的濃稠度恰到好處，麵線則保有彈性，沒有加熱太久過爛的情形。

　　此外，敢吃辣的朋友若是覺得口味不夠重，推薦一定要加辣試試，加入辣醬後的麵線味道更豐富，美味也更加提升唷！

INFO

🏠 地址：臺北市萬華區寶興街 80 巷 29 弄 21 號
🕙 營業時間：15:00 ～ 19:00（週一、週三店休）

⑤ 銅板價抗漲美食—施福建好吃雞肉

　　環河南路一段聚集了許多五金器具與機器設備的商家，而其中也藏著不少當地店家午餐首選的平民美食，這間好吃雞肉從早上開始營業，沒多久店內、店外就已經擠滿人朝，老闆剁雞肉的手更是從未停歇。

　　這裡主打的是雞肉，雞油飯和下水湯都只要 10 元，外帶則有 50 元的便當可供選擇；雞肉的挑選方式是直接到攤子前面指定想要的部位，由於布咕先生是單獨前往用餐，所以選擇一人份的雞肉，價格大約是 40 元。

　　餐點很快便到齊了，清湯是免費附贈的，白飯淋上香氣撲鼻的雞油與甜鹹的醬油膏，不需要其他配菜就很美味；雞肉雖然大部分是雞胸肉，但吃起來卻一點也不乾柴，而且以這樣的分量來說，40 元算是非常便宜，再加一碗雞油飯就可飽餐一頓，相當經濟實惠。

INFO

🏠 地址：臺北市萬華區環河南路一段 25 巷 2 號
📞 電話：（02）2388-3817
🕙 營業時間：10:00～17:00（週日店休）
⭐ 推薦：雞油飯、雞肉

6 超人氣排隊小吃—頂級甜不辣

　　在艋舺夜市裡的這間甜不辣可說是超人氣的排隊美食，每天總是人潮不斷，店內的用餐環境為開放式空間，加上店外的走道約有七至十張桌子，可容納二、三十人左右。

　　店家就只賣甜不辣，僅有分量的差別，布咕先生點了一份小的，上桌時淋了店家特製的沾醬，味道相當不錯，這裡的甜不辣有長條與圓片兩種，口感上較為有嚼勁，除了甜不辣之外，碗裡頭還有蘿蔔、米血、貢丸、油豆腐及水晶餃等。

　　吃完之後別急著離開，還可以把碗拿去給老闆盛一碗熱呼呼的湯，結合醬汁與甜不辣精華的湯，喝起來非常美味唷！

▶ INFO ◀

🏠 地址：臺北市萬華區廣州街 211 號
📞 電話：（02）2302-6022
🕐 營業時間：11:00 ～ 24:00

濃郁烏醋飄香—萬華烏醋乾麵

位於成都路上的這間烏醋乾麵地點相當偏僻，沿著環河南路往市民大道的方向就在右側的中興橋匝道旁，不過聽說店裡經常都是座無虛席，讓布咕先生心心念念著一定要前往造訪。

店內的用餐環境算是不錯，有空調也有風扇，對於夏季氣候悶熱的臺北來說，大大緩解享用熱食造成的汗流浹背；菜色以麵類和湯類為主，也有多樣小菜可供選擇，布咕先生點了烏醋乾麵與骨肉湯。

麵送上桌時表面鋪著豆芽菜，裡頭的醬汁加了烏醋與油蔥提味，若是單吃會覺得過於清淡，此時先別感到失望，店家的醬料區還有一項法寶——特製醬油膏，除了醬油膏亦有辣醬唷！加點醬油膏及辣醬拌勻後，瞬間整體滋味大為提升，不再只有單調的烏醋味，同時多了甘醇、香辣。

▶INFO◀

🏠 地址：臺北市萬華區成都路 187 號
📞 電話：（02）2370-2020
🕐 營業時間：06:00 ～ 13:00（週一店休）
✪ 推薦：烏醋麵

⑧ 深夜冰菓室─龍都冰菓專業家

　　在艋舺夜市裡有一間在地的老字號冰菓店，店內雖然以販售冰品為主，但也有蔬果汁等選擇，各式品項多達 40 種以上，很容易讓人猶豫不決啊！若是跟布咕先生一樣為首次造訪的朋友，不妨試試店家的主打──八寶冰。

　　端上桌的刨冰被滿滿的配料所覆蓋，有紅豆、花生、湯圓、綠豆、花豆等多樣配料，可以說是物超所值，一碗八寶冰就能品嚐到店內的所有精華，豆類燉煮得相當軟爛入味，完全沒有未煮透的生硬口感，味道上較為偏甜，非常綿密順口。

　　其中最特別的就是刨冰，不是以一般的清水製冰，而是以甜糖水製成冰磚再做成刨冰，嚐起來帶有清甜的滋味，單吃就很有味道，相當冰涼消暑。

▶ INFO ◀

🏠 地址：臺北市萬華區廣州街 168 號
📞 電話：（02）2308-3223
🕐 營業時間：11:30 ～ 01:00
❂ 推薦：八寶冰

⑨ 重溫舊時代的榮景—剝皮寮歷史街區

　　在繁華的臺北市區，走入艋舺龍山寺附近的剝皮寮歷史街區，就像是進到時空的迴廊中，帶我們重溫清廷和日據時代的臺北城樣貌，整個街區北臨老松國小、東至昆明街，南面廣州街，西接康定路，是碩果僅存的清代街型之一，為了延續歷史建築的文化特色，街區也一直在進行修復與活化。

　　剝皮寮分為東西兩側，西側為歷史街區，紅磚與木造建築的傳統店屋帶領我們走進歷史，曲折的街道、牌樓厝、半邊街、兩面店，皆保持過去的舊有風貌，部分老屋則改造為教育空間、展示空間及公共服務空間等，賦予歷史街區新的生命；往東側走是相當適合小朋友的臺北市鄉土教育中心，這裡設有許多互動式的教材，深入淺出的介紹剝皮寮的歷史故事，同時還有不少小遊戲，充分寓教於樂。

　　在鄉土教育中心的一樓中庭內則擺放了各種古早味的童玩，像是目前已不多見的木製彈珠臺，以及踩高蹺、釣瓶子、滾鐵圈等，不妨帶著小朋友一起來同樂，體驗早期的樸實生活。

INFO

臺北市鄉土教育中心：hcec.tp.edu.tw/

🏠 地址：臺北市萬華區廣州街 101 號

⊙ 開放時間：09:00 ～ 17:00（週一休館）

臺北市
士林區
北投區
內湖區
中山區
松山區
大安區
信義區
文山區
大同區
中正區
萬華區

⑩ 綜合性都會公園—青年公園

　　青年公園占地達 24.4 公頃，是臺北市面積第四大的公園，整個園區規劃完善、景致優美，不僅有各項運動設施，如網球場、籃球場、棒球場、溜冰場與游泳池，還有休憩步道、園藝溫室、音樂舞臺、圖書館、親子館及兒童遊樂區等，公園內廣闊的綠地也相當適合野餐和溜小孩。

　　距離青年公園較近的捷運站為藍線的龍山寺站，或是紅線與綠線的中正紀念堂站，但出站後都需要步行約 30 分鐘才能抵達，建議不妨換騎 Ubike 前往。

INFO

🏠 地址：臺北市萬華區水源路 199 號

新北市
三重區

1 阿和麵線
2 三兄弟無名麵攤
3 今大魯肉飯
4 五華街無名炸雞
5 布袋豆菜麵

6 一品蔥油餅
7 三民街無名排骨飯
8 光興腿庫
9 後竹圍街無名豆花
10 集美街無名小籠包

山珍海味集於一身—阿和麵線

位於自強路五段的阿和麵線，店內主要是賣大腸麵線與花枝麵線，亦有綜合麵線及花枝焿，布咕先生第一眼注意到的是大碗麵線竟然只要 40 元，相較於其他店家的大碗麵線動輒要價 50～60 元，腦袋中閃過的一個念頭就是「撿到寶了」。

點了一碗大腸麵線，送上桌時發現很特別的一點是這裡的大腸呈白色，而不是滷過的棗褐色，沒有事先滷過的大腸最怕的就是有腥味，不過店家的大腸處理得相當好，吃起來不僅沒腥味，更保留了大腸的香氣。

麵線的湯頭則是以柴魚和大骨熬成，再加上油蔥提味，這滋味讓布咕先生愛不釋手。麵線的分量也非常飽足，多到足以拿筷子夾起來吃了，以這樣的口味、分量及價格，絕對值得一嚐再嚐呀！

▶ INFO ◀

🏠 地址：新北市三重區自強路五段 59 號

📞 電話：0982-021-546

🕐 營業時間：06:00～13:00（週一店休）

⭐ 推薦：大腸麵線

三重區

蘆洲區

新莊區

板橋區

中和區

永和區

② 藏身街角的麵攤—三兄弟無名麵攤

　　位於大同北路與正德街口的無名麵攤，雖然地點很不顯眼，但每回經過總是能看見不少人在路旁的座位等候，在這樣的前提之下，布咕先生也一起加入等候的行列；有趣的是這個麵攤亦沒有菜單，主要是賣乾麵、湯麵與小菜，每份小菜大約 50 元。

　　乾麵上鋪滿肉燥，除了鹹香的滋味外，還帶有些許的醋香，非常開胃且不油膩，會讓人一口接著一口吃下肚；肝連的口感十分軟嫩不乾柴，而且外層的筋膜處理得很好，不會讓人咬不斷。整體而言，不管是麵類或是小菜都相當推薦唷！

INFO

🏠 地址：新北市三重區正德街 1 號
🕐 營業時間：16:30 ～ 01:00（週日休）
⭕ 推薦：乾麵

新北市

三重區

蘆洲區

新莊區

板橋區

中和區

永和區

3 極品魯肉飯—今大魯肉飯

　　今大魯肉飯可算是布咕先生心中數一數二的超級美味魯肉飯，除了鎮店之寶的魯肉飯之外，店內亦有一些湯類、小菜，甚至是魚頭或魚肚可供選擇，忍不住每樣都想嚐的念頭，最後是點魯肉飯、竹筍排骨湯、魚肚和魯豆腐。

　　竹筍排骨湯雖然小小一盅，裡頭的用料卻是十分豐富，蛤蜊、排骨及竹筍，讓整碗湯的滋味鮮甜無比，魯豆腐的鹹淡適中、恰到好處，魚肚則是事先滷過的虱目魚肚，一份才 35 元相當實惠。

　　最後的重頭戲當然就是魯肉飯了，米飯上滿滿的魯肉讓人迫不及待地開動，味道具有層次不死鹹，搭配白飯可以一口氣嗑掉半碗，看似肥肉的部分居多，吃起來卻一點也不油膩，反而是非常香醇可口，可惜沒有賣大碗的魯肉飯，真的會吃不過癮想再來一碗。

▶ INFO

🏠 地址：新北市三重區大仁街 40 號
📞 電話：（02）2983-6726
🕐 營業時間：06:00 ～ 21:00
➡ 推薦：魯肉飯

學生時代的回味—五華街無名炸雞

　　隱藏在五華街麥當勞旁邊巷弄中的這間炸雞店，無疑是附近學生的最愛，亦是歷屆畢業生最懷念的滋味；每每在開賣前，攤位就已聚集不少排隊等待的人群，為的就是熱騰騰的雞排起鍋的霎那。

　　這裡的雞排與雞塊有著說不出的魅力，總是讓人魂牽夢縈，不時就想回味一番，外酥內嫩的雞排一口咬下滿嘴的肉汁，布咕先生猜想店家或許在醃料中加入了花生粉或花生醬，嚐起來有淡淡的花生香味，相當獨特的味道；雞塊則選用去骨的雞胸肉，火候控制得非常好，完全沒有乾柴的問題，雞排與雞塊都十分推薦。

INFO

🏠 地址：新北市三重區五華街 87 巷 2 號
📞 電話：（02）2987-5822
🕐 營業時間：15:30 ～ 19:30（售完為止）
✪ 推薦：雞排、雞塊

新北市

三重區

蘆洲區

新莊區

板橋區

中和區

永和區

⑤ 樸實嘉鄉味—布袋豆菜麵

在溪尾街與慈愛街的交叉口有著這麼一輛小餐車，主要是賣豆菜麵和幾樣小菜及湯，品項並不多，價格還算便宜，餐車旁的騎樓下則擺了兩、三張桌子供顧客用餐。

布咕先生點了豆菜麵和骨肉湯，豆菜麵顧名思義即是豆芽菜拌麵，淋上帶有甜味的醬油及油蔥拌勻即可，吸附著醬汁的麵條搭配豆芽菜，一口吃下清爽不油膩，看似簡單卻別有一番滋味；骨肉湯的湯頭是以大骨熬成，湯裡的肉分量不算少，肉質軟嫩好入口，若嫌味道不夠可沾著醬油膏食用。

▶INFO◀

🏠 地址：新北市三重區慈愛街 131 號

🕐 營業時間：06:00 ～ 13:30

⭐ 推薦：豆菜麵、骨肉湯

⑥ 獨門醬料──一品蔥油餅

　　位於 228 和平公園旁、新北市立圖書館三重培德分館前的一品蔥油餅，在布咕先生心目中可説是名列前茅的美食，蔥油餅可以選擇是否加蛋，這裡的蔥油餅有別於其他店家的特色為多加了九層塔，其次則是老闆自行研發的七種獨特醬料。

　　第一次看到這麼多種醬料時反而有些茫然，聽了老闆的推薦後選擇照燒辣醬，加了雞蛋和九層塔的蔥油餅看似沒有太大的差別，但吃進嘴裡的餅皮炸得金黃酥脆且不油膩，九層塔散發出的香氣，再搭配香甜的照燒醬與一點點辣味提升層次，醬料及食材都各自發揮最佳的表現，相輔相成又不會互相搶了彼此的風采，好吃到讓人停不下來～

INFO

🏠 地址：新北市三重區忠孝路二段 35 號
🕐 營業時間：14:30 ～ 19:00
✪ 推薦：照燒辣醬

新北市

三重區

蘆洲區

新莊區

板橋區

中和區

永和區

7 古早味排骨飯─三民街無名排骨飯

在三民街上的這間排骨飯沒有招牌、沒有店名，亦沒有華麗的裝潢，但只要一到用餐時間人潮瞬間倍增，店內主要是販賣便當，原來有五種主菜可供選擇，目前已減為三種，價格在 70 ～ 80 元之間，算是中等價位。

這裡的排骨不算小，但是偏薄，沒有一般炸排骨的厚實，事先醃過再裹上番薯粉油炸，排骨吃起來酥脆，非常特別的口味，難以形容加了什麼調味料，只能說是一種有點熟悉的古早味，味道不差，相當下飯，值得一試！

INFO

🏠 地址：新北市三重區三民街 155 巷 2 號
🕙 營業時間：午餐及晚餐時段（週日店休）
➕ 推薦：排骨飯

125

⑧ 陳年老滷的醍醐味─光興腿庫

光興腿庫原名紅燒蹄膀，位於中正南路附近的光興街上，每每在下班時間經過，總是看到為數不少的人群在排隊等候，走近一看，攤車上的豬腳滷到呈現棗褐色，而一鍋香醇的陳年老滷則為深褐色，布咕先生最愛這種標榜老滷的店家了。

每種便當都可以選擇三樣配菜，店家會詢問要不要在白飯加上魯肉，腿庫則是肥瘦參半，肥肉的部分入口即化，並不會讓人感覺到油膩，瘦肉亦沒有乾柴的現象，老滷汁的滋味甘甜濃厚，卻又不會過於死鹹，真的是超級絕配！

INFO

🏠 地址：新北市三重區光興街 223 號
📞 電話：（02）2973-7085
🕐 營業時間：11:00～13:30
　　　　　　17:00～20:00
　　　　　　（週六、週日店休）
❂ 推薦：腿庫飯

新北市

三重區

蘆洲區

新莊區

板橋區

中和區

永和區

9　招牌手工芋泥冰—後竹圍街無名豆花

在後竹圍街上的這間無名豆花店以販賣豆花、粉圓為主，此外還有相當少見的芋泥冰，是布咕先生最愛的夏日消暑聖品，三不五時就會過來吃上一碗芋泥冰。

一份芋泥冰共有兩顆芋泥球，帶有顆粒的芋泥是店家手工製作，芋泥的口感綿密且入口即化，不會過於甜膩，還可嚐到小小的芋頭塊，在口中釋放淡淡的芋頭香氣，讓人忍不住一口接著一口，搭配的糖水相當冰涼，喝下之後暑氣全消，是炎炎夏日中的最佳良伴。

 INFO

- 地址：新北市三重區後竹圍街 227 號
- 營業時間：15:00 ～ 22:30
- 推薦：芋泥冰

大如拳頭的小籠包—集美街無名小籠包

在三重高中對面有一間由小餐車做起、經營近四十年的無名小籠包、水煎包,更重要的是小籠包與水煎包的價格也是難得一見的便宜,全部都是均一價,一顆只要 5 元。

小籠包的肉餡採用當日現宰的新鮮黑豬肉,完全沒有腥味的問題,加上洋蔥與高麗菜的內餡鮮甜多汁,經過蒸氣的高溫洗禮,食用時要小心燙口。

水煎包底部煎得金黃酥脆,卻沒有任何焦黑的痕跡,一口咬下,韭菜的香氣帶出了高麗菜的鮮甜滋味,呈現分明的口感層次。整體而言,能以 5 元的銅板價吃到大如拳頭的小籠包與水煎包,算是相當物超所值。

INFO

🏠 地址:新北市三重區集美街 199 號
📞 電話:0926-156-178
🕐 營業時間:06:00 ～ 20:00
⊙ 推薦:小籠包、水煎包

五股區
9 水碓景觀公園
10 鳳梨酥夢工場

1 蘆洲四口
2 海佰胡椒餅
3 古早味豆花
4 北港雞排
5 家鄉鵝肉擔仔麵
6 香雞莊
7 民權路無名小籠包
8 荷媽雪釀餅

① 比手掌大的雞排—蘆洲四口

　　蘆洲四口原本位於湧蓮寺旁邊的廟口夜市中，蘆洲美食市場開始營業後，便將攤位遷移至市場內，較過去擁有更多的座位與更好的用餐環境。四口不僅是店名，同時也是店家販售的羹類之一，相信大家一定很好奇什麼是四口？指的就是花枝羹、蝦仁羹、肉羹，再加上餛飩所組成的綜合羹，是能一次就品嚐到店內精華的代表性菜色。

　　除了四口麵之外，布咕先生還要推薦店家的燴飯和炒飯，分量超級飽足，不到百元的價格就有超大的雞排，而且雞排不是只有薄薄一片，每片的厚度都可達到 2 公分以上，加上以菇類及蔬菜燴炒的拉麵，麵條吸收了蔬菜的鮮甜，搭配比手掌還大的雞排，吃完真的是超級滿足，推薦來到蘆洲一定要嚐一嚐，胃口較小的建議兩人合吃一份，不然肚子可是會撐破。

INFO

- 🏠 地址：新北市蘆洲區成功路 160 號
- 📞 電話：（02）8286-8749
- 🕐 營業時間：11:00 ～ 22:00（週一店休）
- ✿ 推薦：四口羹、雞排鮮菇時蔬燴拉麵

你捐血，我送餅—*海伯胡椒餅*

　　胡椒餅攤在三民高中後方的民權路上，總是在餅還沒出爐前就聚集了一大票等候的顧客，以價格來說，一個 35 元、3 個 100 元在過去還滿常見的，但隨著物價上漲，這樣的價位可算是便宜了。

　　店家採用傳統的胡椒餅烤爐，更能保留胡椒餅的香氣及味道，從外觀來看，餅皮烤得金黃，帶有炭燒香氣，上頭撒了不少白芝麻，一口咬下，酥脆的外皮就像餅乾似的；內餡包了胡椒肉末和青蔥，味道並不強烈，但咀嚼之間便會嚐到肉香味，火侯控制得相當好，青蔥並沒有流失水分而變的乾扁，其香氣更提升肉末的滋味，整體而言，這胡椒餅絕對是大家的下午茶首選啊！

　　老闆還發起捐血一袋、送餅一顆的活動，累積已送出上萬顆胡椒餅，只希望能盡一己之力，回饋大家的愛心，還因此被戲稱為「血汗老闆」。

> **INFO**
> 🏠 地址：新北市蘆洲區民權路 66 號
> 📞 電話：0922-189-686
> ⏰ 營業時間：11:30 ～ 18:30
> ✿ 推薦：胡椒餅

③ 當黑糖遇上豆花—古早味豆花

在中原路巷弄內的這家豆花店，夏日經常是大排長龍，有時候甚至會遇到售完的窘境；店家主要是賣豆花、仙草凍和燒仙草，每碗 30 元，你可能會認為 30 元的豆花算不上便宜，重點是這裡的豆花或仙草凍都可以再加三樣配料，嘿～這樣可說是 CP 值破表了吧！

端上桌的豆花被黑糖冰砂所覆蓋，冰砂吃起來不會太甜，豆花的口感綿密滑順，吃完口中還留有淡淡的黃豆香，配料的表現也不錯，芋圓偏軟，但仍具有 Q 勁，布咕先生還滿喜歡的。整體而言，一碗豆花可任選三樣配料，還加上黑糖冰砂，這樣的分量才 30 元，相當值得推薦。

INFO

🏠 地址：新北市蘆洲區中原路 21 巷 6 號
🕐 營業時間：16:00 ～售完為止
⭐ 推薦：豆花

一個銅板有找—北港雞排

在熱鬧的光華路上，這間雞排店的位置並不顯眼，但往往只要一開店，上門的人潮便絡繹不絕。店內只賣五種炸物——雞排、雞塊、甜不辣、脖子與雞翅，種類不算多，不過由於價格實惠又好吃，每一樣都賣得嚇嚇叫，想吃還不一定買得到呢！

最吸引布咕先生的不外乎是 30 元的雞排，其他店家一份雞排動輒就要 60 元以上，30 元的價格實在是太令人心動了，立馬買了一份雞排與一份雞塊，雞排的大小雖然比不上其他店家，但是如此便宜的價格，就能買到手掌大小的雞排，其實已經相當物美價廉了，口味上也沒有因為價格便宜就比較遜色，不僅外皮酥脆、肉質鮮甜，亦沒有油耗味。

雞塊的價格看似比較貴，分量卻不少，沒有過多的醃料，吃得到雞肉的原味，重點還是去骨的唷～相當推薦大家來嚐嚐！

INFO

🏠 地址：新北市蘆洲區光華路 71 號

🕐 營業時間：15:30 ～ 19:00
　　　　　　（售完為止）

⭐ 推薦：雞排、雞塊

5 價格平實的味覺饗宴—家鄉鵝肉擔仔麵

在中正路 185 巷裡的這間鵝肉店，店內裝潢營造出懷舊風格，除了主打鵝肉之外，還有不少傳統小吃與各式小菜，其中鵝肉以秤重計價，兩人份的鵝肉約 150 元。

布咕先生最推薦的是秋刀魚和魯肉飯，秋刀魚滷煮至骨頭皆已軟化，可以連骨頭一起吃下，而且依然保有秋刀魚的鮮味；魯肉飯淋上帶有肥肉的滷汁，吃起來鹹香不油膩，濃郁的醬汁搭配粒粒分明的米飯，不管是味道或香氣都無可挑剔！

▶ INFO ◀

🏠 地址：新北市蘆洲區中正路 185 巷 11 號
📞 電話：（02）8286-3737
🕐 營業時間：10:30 ～ 21:00（週一店休）
⭐ 推薦：化骨秋刀魚、魯肉飯

⑥ 貨真價實的雞排—香雞莊

　　一般早餐店通常會選擇顯眼的地點做生意，無非是希望可以吸引更多顧客上門，但是在長安街上的香雞莊卻是反其道而行，遠離人聲鼎沸的街道，在寧靜的巷弄中經營，若非在地人很可能會遍尋不著。

　　這裡賣的早餐種類相較於其他早餐店來說並不算多，有土司、漢堡、總匯及蛋餅等，其中吸引布咕先生目光的是香雞口味，既然店名為香雞莊，想必香雞口味一定有過人之處，於是點了一份香雞土司。

　　土司裡的雞排並非中央工廠統一出貨的那種加工組合肉，而是一片有厚度的真正雞排，一口咬下，可以把香雞土司的內容物看得更清楚，吃得出雞肉有事先醃製過，酥脆的外皮包覆鮮甜的雞肉，肉汁整個鎖在裡面，完全不會讓人覺得油膩，真的是想一吃再吃呀！

INFO

🏠 地址：新北市蘆洲區長安街 172 巷 1 號
📞 電話：（02）2289-2808
🕐 營業時間：06:30 ～ 12:30
⭕ 推薦：香雞土司

皮薄餡多湯鮮——民權路無名小籠包

蘆洲有不少的小籠包店，由於每個人的口味喜好不同，每間店均各有其優點以及忠實的老顧客，而接下來要介紹的這間店家可說是布咕先生的心頭好，店面位於民權路上，沒有店名，店內只賣饅頭、小籠包及豆漿，並未提供用餐座位，僅能外帶回家品嚐。

小籠包看似皺巴巴的，但是外皮卻很薄，幾乎可以看到內餡，輕輕咬破小籠包的外皮，裡頭的湯汁緩緩流出，味道鮮甜可口、不油不膩，可說是整個小籠包的精華啊！肉餡以青蔥、米酒及醬油等調味，不需要另外沾醬，單吃就相當夠味，真的是會讓人一口接著一口停不下來，超級推薦！

INFO

🏠 地址：新北市蘆洲區民權路 115 號
📞 電話：（02）2283-7646
🕐 營業時間：05:00 ～ 12:00（售完為止）
✪ 推薦：小籠包

新北市

三重區

蘆洲區

新莊區

板橋區

中和區

永和區

獨樹一格的酒釀風味——荷媽雪釀餅

在路上經常可以看到蔥油餅的蹤影，但雪釀餅就不是這麼廣為人知了，利用酒釀加入麵團中發酵使餅皮變得鬆軟，靈感來自老闆娘從小吃的江西家鄉味，至於為什麼會稱作雪釀餅呢？老闆娘說是因為發音很像，便決定取名為雪釀餅。

雪釀餅有蔥蛋、九層塔、招牌綜合等不同口味可供選擇，老闆娘會先將麵團桿平，再下鍋油煎，煎到雙面金黃酥脆後，起鍋將油瀝乾；原味雪釀餅僅塗上一層淡淡的醬油，看似和蔥油餅沒兩樣，但相當地蓬鬆，吃起來有淡淡的甜味，口感酥脆不油膩，與蔥油餅的味道完全不同。

喜歡多層次口味的人不妨選擇招牌綜合，先將雞蛋、肉末、蔥花和九層塔於煎檯上煎到 8 ～ 9 分熟，最後再放上雪釀餅就完成了，酥脆的餅皮搭配九層塔、蔥花帶出肉末的香氣，滋味真的相當獨特，走過、路過，千萬不能錯過啊！

INFO

🏠 地址：新北市蘆洲區三民路 505 號
📞 電話：0987-229-482
🕐 營業時間：14:00 ～ 19:00（週一休）
🔴 推薦：雪釀餅

約會聖地—水碓景觀公園

　　在五股通往林口的半山腰上，有一處能夠擁覽大臺北景觀的絕佳地點——水碓景觀公園，自成泰路一段左轉自強路後，往水碓一路方向直行即可抵達。園區採斜坡式設計，規劃有數條步道層層而上，車輛只能到第三層的停車場，接下來就要順著階梯步道緩步向上，走了三、四段階梯後，再往內走一小段路就可到達觀景平臺。

　　這裡設置有滑步機等健康休閒設施，供登山、健走的民眾使用，除此之外，還有一排字母高腳椅與長條桌，可由此遠眺臺北 101 與新光摩天大樓，整個大臺北的美景盡收眼底，或是自備咖啡和飲料來此欣賞迷人的夜景，彷彿置身景觀咖啡廳中，是情侶最佳的約會地點。

▶ **INFO**

GPS 座標：25.07241,121.42953

新北市

三重區

蘆洲區

新莊區

板橋區

中和區

永和區

 好運旺旺來──鳳梨酥夢工場

　　說到最能代表臺灣的特色糕餅，大概非鳳梨酥莫屬，被臺灣人稱為「旺來」的鳳梨象徵好運，以鳳梨酥聞名的維格餅家，在 2012 年打造了一座觀光工廠──鳳梨酥夢工場，透過互動式科技體驗及親手 DIY 鳳梨酥的活動，讓大家感受鳳梨酥的美味。

　　入口處擺放了兩隻可愛的公仔迎接賓客，參觀行程採事先預約制，分為一般導覽與鳳梨酥 DIY 兩個部分，購票入內後，首先會至二樓的 DIY 教室，學習如何製作鳳梨酥，進教室記得先將手洗乾淨，待會兒可是要用雙手來揉捏餅皮，這樣才不會讓鳳梨酥沾染了細菌。

　　坐定位後，每個人面前都會有麵團和餡料團，麵團是剛從冰箱裡拿出來的，因此需要先用手搓揉，藉著手的溫度軟化麵團，接著把麵團與餡料團都搓成長條狀，各切五刀分為六等份，然後把每一份麵團搓圓壓扁後，將餡料包覆於其中，要讓餅皮完整的包覆住餡料，注意不要露餡唷！最後將餅壓入模型中，便可結束這回合。

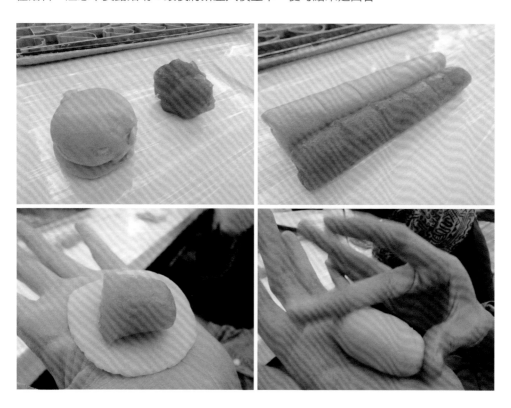

講師會把大家做好的鳳梨酥送去烘烤，在等待的同時，就可以繼續導覽行程囉！外觀看似海綿寶寶鳳梨城堡的東西，是通往鳳梨田的神祕裝置。（咦？）噢不～其實是手扶梯啦！在二樓有許多維格特別製作的鳳梨田場景，讓大家可以身歷其境的互動體驗，也能看到店家生產鳳梨酥的過程，聽完導覽後，可至一樓的商品展售區試吃、選購，最重要的是別忘記領回現烤出爐的DIY鳳梨酥唷！

INFO

鳳梨酥夢工場：http://www.dream-vigor.com/index.html

🏠 地址：新北市五股區成泰路一段 87 號

🕐 開放時間：09:00 ～ 18:00

新北市
新莊區

泰山區
9 瓊仔湖登山步道

1 中華路無名早餐車
2 QQ蛋芝麻球
3 老牌蚵仔大腸麵線
4 老順香餅店
5 魯肉發無刺虱目魚粥
6 中和街鹽酥雞
7 熊記
8 新月橋

① 就算遲到也要吃—中華路無名早餐車

無名早餐車原本在中原路口〔617〕公車站牌附近做生意，因中港大排整治而消失蹤影，直到最近才又在中華路三段和榮華路一段的轉角處現蹤。早餐車主要是賣肉粽、油飯、炒麵等傳統中式餐點，其實布咕先生不是那麼喜歡重口味的早餐，但早餐車受歡迎的程度，太遲可是會完售的。

排隊等了一會兒，買了炒麵與肉圓回家，炒麵上頭滿滿的一層肉燥，仔細拌勻，不油不膩的肉燥搭配甜辣醬炒麵，口味不會過重，但卻不失風味，表現不錯；肉圓的內餡則是使用紅糟肉及筍絲，味道清爽不油膩，加上店家特製的柴魚醬汁，相當美味，完全不會讓腸胃有所負擔。

整體而言，炒麵與肉圓的口味都不錯，當早餐也不會覺得腸胃負擔太大，不過通常9點左右就已售完，所以想買要趁早唷！

INFO

🏠 地址：新北市新莊區中華路三段與榮華路一段轉角
🕐 營業時間：04:30 ～ 10:00（售完為止）
⭐ 推薦：炒麵、肉圓

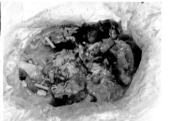

② 道地臺灣味零嘴─ QQ 蛋芝麻球

　　位在中華路與建豐街的巷弄內，開業已達二十年之久，每天下午總會出現長長的排隊人龍，可說是老新莊人最愛的下午茶零嘴。小小的攤位只賣地瓜球與芝麻球，價格是以購買的顆數來計算，地瓜球最少要買 4 顆且須為偶數，點購之前不妨先在心中盤算一下要買多少。

　　店家的地瓜球全部都是現做現炸，每一顆都炸得圓滾滾的，一口咬下，外層酥脆、內層帶點Q軟的口感，吃起來有淡淡的甜味以及地瓜香氣，重點是不油膩，也沒有油耗味，會讓人一顆接著一顆吃個不停，非常適合作為午後點心。

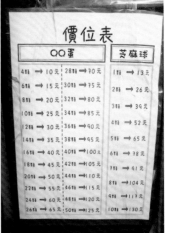

▶ INFO ◀

🏠 地址：新北市新莊區建豐街 2 號
🕐 營業時間：15:00 ～ 21:00
⭐ 推薦：地瓜球

價位表

QQ蛋		芝麻球	
4顆→10元	28顆→70元	1顆→13元	
6顆→15元	30顆→75元	2顆→26元	
8顆→20元	32顆→80元	3顆→39元	
10顆→25元	34顆→85元	4顆→52元	
12顆→30元	36顆→90元	5顆→65元	
14顆→35元	38顆→95元	6顆→78元	
16顆→40元	40顆→100元	7顆→91元	
18顆→45元	42顆→105元	8顆→104元	
20顆→50元	44顆→110元	9顆→117元	
22顆→55元	46顆→115元	10顆→130元	
24顆→60元	48顆→120元		
26顆→65元	50顆→125元		

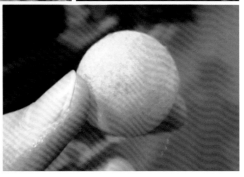

③ 四十年不變的好味道─老牌蚵仔大腸麵線

位於中港二街的這間麵線店已經
開業四十多年，可以說是陪伴著許多
人一起長大，目前店家只有週末營業，
平日休息，如欲前往要留意日期，才
不會白跑一趟唷！這裡僅賣一項小吃
──蚵仔大腸麵線，有大、小碗之分，
此外沒有其他的選擇了，內用的座位
也不多，就是攤位前的幾張椅子，以
及騎樓下的一張桌子，所以當地人都
是外帶居多。

麵線都是當天現煮現賣，賣完為
止，完全不放隔夜，因此吃起來帶有
嚼勁，口感不會軟軟爛爛，小碗的分
量看似不多，裡面卻有滿滿的料，肉
羹與蚵仔都非常新鮮，湯頭則帶有獨
特的甜味，那滋味是布咕先生從小吃
到大的童年記憶。

INFO

🏠 地址：新北市新莊區中港二街 71 號

🕐 營業時間：週末 06:00 ～ 11:30（售完為止）

走過百年歷史的餅舖─老順香餅店

　　新莊慈祐宮所在的老街，是早期新莊最為熱鬧的地區，而慈祐宮附近的老順香餅店，則是間擁有百年以上歷史的糕餅老店，陪伴著許多新莊人一起成長，傳承至今為第四代，依舊還是人潮不斷，屹立於老街之中。

　　在店內的傳統糕餅以及各式麵包中，最富盛名的就是蛋黃酥和鹹光餅了，烤盤上一顆顆金黃飽滿的蛋黃酥，油亮的光澤令人垂涎三尺，綿密的豆沙與濕潤的鹹蛋黃緊緊包覆在酥皮裡頭，嚐一口讓人唇齒留香。

　　鹹光餅是大拜拜時必備的平安餅，亦為新莊廟街的特產，沒有多餘的添加物或防腐劑，簡簡單單的味道，咀嚼時在口中散發出淡淡的麵粉香與甜味，是一種淡泊樸實的好味道。

INFO

🏠 地址：新北市新莊區新莊路 341 號
📞 電話：（02）2992-1639
🕐 營業時間：09:00 ～ 23:00
✿ 推薦：蛋黃酥、鹹光餅、鳳梨酥

⑤ 每日新鮮直送─魯肉發無刺虱目魚粥

　　行經新北大道與中正路口，即可看到魯肉發斗大的招牌，這間店可說是布咕先生求學時期的最愛，不管什麼時候前往，用餐的人潮總是絡繹不絕。

　　來這裡必嚐的就是每日從臺南直送、新鮮現煮的無刺虱目魚肚，一旁的開放式冷藏櫃裡擺滿了虱目魚，但不要懷疑，這還只是當天的備量，再晚一點很有可能已售完囉！

　　布咕先生經常點的是魯肉飯配無刺虱目魚肉湯，魯肉飯上桌後立刻將其拌勻，讓白飯吸收魯汁的精華，粒粒分明的香Q米飯，帶著淡淡的醬油香，吃起來甘甜不死鹹，而魯肉中的膠質更是與白飯融為一體，讓整個口中都充滿了濃郁的魯肉香氣。

　　魚肉湯更是一絕，送上桌時，虱目魚和胡椒粉的香味隨著熱氣飄散出來，往碗裡一撈，滿滿的魚肉，不僅肉質新鮮、細緻軟嫩，搭配胡椒與油蔥酥的香氣，又把魚肉的美味提升到另一個層次，超級推薦！

▶ INFO

🏠 地址：新北市新莊區中正路 730 號之 18
📞 電話：（02）2902- 6322
🕐 營業時間：06:00 ～ 15:30（週一店休）
➕ 推薦：魯肉飯、虱目魚湯

新北市

三重區

蘆洲區

新莊區

板橋區

中和區

永和區

6 古早味鹽酥雞—中和街鹽酥雞

　　位於中和街上的這攤鹽酥雞，可說是布咕先生從小到大的童年回憶，每次路過，空氣中瀰漫的香味都讓我忍不住停下購買，食材的種類還滿多樣化的，價格在幾年前調漲過一次，但與其他店家相比，整體價格算是相對便宜。

　　拎著鹽酥雞回家的途中，不時都能嗅到從袋子裡飄散出來的香氣，讓我的唾液持續分泌，迫不及待要嚐一嚐。這裡的雞肉事先醃漬過，再沾裹地瓜粉下鍋油炸，是許多連鎖店所無法模仿的古早味。

INFO

🏠 地址：新北市新莊區中和街 11 號
🕐 營業時間：17:30 ～ 23:00
⭐ 推薦：鹽酥雞

⑦ 燒餅油條專賣店—熊記

在新莊老街上的熊記燒餅油條專賣店，其排隊人潮可說無人能出其右，店家最有名的燒餅油條每日現做、現烤、現炸，此外也有蛋餅、雙胞胎、蔥花長餅等中式早餐，從牆上貼著的菜單，不難看出歲月的斑駁痕跡。

排隊等了半小時，終於輪到布咕先生，點了一碗花生湯與燒餅油條，花生湯燉煮到略帶濃稠感，裡面的花生相當軟爛，甜味不會太重，還蠻適合作為早餐；店家主打的燒餅油條，獨特之處在於它的口感，一般的燒餅油條講究香酥，但熊記的燒餅油條則是鬆軟有嚼勁，一口咬下，餅皮微酥，搭配軟韌的油條，愈嚼愈能嚐到淡淡的餅香，相當別具特色。

INFO

🏠 地址：新北市新莊區新莊路 206 號
📞 電話：（02）2277-2807
🕐 營業時間：06:30 ～售完為止
　　　　　　（週一、三、五店休）
⭐ 推薦：花生湯、燒餅油條

新北市

三重區

蘆洲區

新莊區

板橋區

中和區

永和區

⑧ 越夜越美麗─新月橋

　　由捷運橘線新莊站的 2 號出口往廟街方向，順著沿途的指標朝河堤前進，便可來到通往板橋 435 藝文特區的行人與自行車專屬橋梁，新月橋的設計為不對稱雙鋼繫拱橋，藉以形塑律動山水的意象，橋上規劃了「曲之藝」、「光之影」、「水之舞」及「風之律」四座休憩平台，並設置有透明橋面的天空步道，亦是國內雙跨距最長的鋼拱橋。

　　甫開通時，以光之律動為主題的夜間光雕，每晚都吸引許多民眾，爸爸媽媽帶著小朋友，情侶手牽著手，悠閑漫步於橋上，感受水影舞動之美。在廟街夜市吃飽喝足後，不妨散步到此，體驗新北河岸的瑰麗夜晚。

▶ INFO ◀

GPS 坐標：25.0325698,121.4481482
🕙 亮燈時間：10 ～ 5 月，18:00 ～ 22:30
　　　　　　6 ～ 9 月，18:30 ～ 22:00

⑨ 懶人專用輕鬆步道—瓊仔湖登山步道

不說你可能不知道，位在泰山的瓊仔湖登山步道，除了沿途的自然景觀，也是一處可以遠眺臺北 101，欣賞臺北市夜景的好地方。看到「登山步道」這幾個字，先別擔心是不是需要爬山，從泰山的民權路往明志路二段 136 巷直行，轉進福德宮的廟宇牌樓後，再往前一小段路，便可看到開闊的市區景色唷！

福德宮前的廣場即為欣賞夜景的好所在，由於天色尚早，我們先繼續往登山步道走，開始的路段是平緩的柏油路，路旁鋪設著木棧道，沿途還有昆蟲和樹木的生態解說，接著拾級而上，沒有太大的坡度落差，大約走 10 ～ 15 分鐘即可抵達最高點。

有趣的是山頂儼然是一個小型健身房，有各式露天的健身器材可供登山健行的民眾自行運用，大家要愛惜這些器材，讓這份美意可以持續傳遞；時間差不多了就慢慢往下走，回到福德宮前，此時天色已黑，市區也陸續亮起燈火，整個景致與白天呈現截然不同的美，相當推薦大家來此賞景，重點是不需要爬山唷！

INFO

GPS 坐標：25.0508205,121.4211551

新北市
板橋區

土城區
10 手信坊

新北市

三重區

蘆洲區

新莊區

板橋區

中和區

永和區

① 黃石市場小吃巡禮─高記生炒魷魚

這間店位在林家花園附近的黃石市場，招牌上大大的幾個字寫著不可思議的價格，蘿蔔糕、糯米腸及芋粿Q竟然都在20元以內，而生炒魷魚則是一個五十元硬幣有找，這讓布咕先生雀躍不已，我最喜歡這樣的店了。

點了糯米腸、蘿蔔糕及生炒魷魚，分量超多的糯米腸與蘿蔔糕僅要30元，糯米腸的內餡相當飽滿，外皮在油炸後變得金黃酥脆，蘿蔔糕的表現亦不錯，單吃可嚐到淡淡的米香，沾上醬油及辣醬更提升了味道的層次。

生炒魷魚並沒有因為價格便宜而偷工減料，每一碗至少都有5片以上的魷魚，且吃起來口感Q彈，高麗菜也非常爽脆可口，湯頭帶著淡淡的烏醋酸香，不禁讓人食指大動。這幾樣小吃加起來，分量多到布咕先生根本吃不完，可見其物美價廉，若前往林家花園遊玩，不妨順道至此嚐鮮唷！

INFO

🏠 地址：新北市板橋區宮口街28號
📞 電話：（02）2967-0380
🕐 營業時間：10:00～19:00（週一店休）
⭐ 推薦：糯米腸、蘿蔔糕、生炒魷魚

② 歲月醞釀的美味—第一家鹽酥雞

在中正路的巷弄裡竟然藏著一間
經營十多年的鹽酥雞店，且價格似乎
也停留在十年前，一份鹽酥雞僅賣 30
元，雞排則只要 25 元，布咕先生點了
雞排與鹽酥雞各一份，雞排足足有手
掌那麼大，並沒有因價格便宜而縮水。

雞排採用事先醃漬過的雞肉，外
皮裹的是地瓜粉，一口咬下，散發出
古早味鹽酥雞特有的鹹香味，讓布咕
先生愛不釋手，而一份鹽酥雞大概有
7～8 塊雞肉，外皮酥脆、內層軟嫩，
有別於其他連鎖炸雞店，保留了傳統
鹽酥雞的好味道，一定要嚐嚐看。

▶ INFO ◀

🏠 地址：新北市板橋區中正路 216 巷 22-2 號

🕐 營業時間：18:00 ～ 23:30（週一休）

✿ 推薦：雞排、鹽酥雞

轉角遇到蔥油餅—古早味蔥油餅

位於漢生東路海山高中旁的這攤手工蔥油餅，一份加蛋只要 20 元，在物價飛漲的時代，可說是相當少見呀！店家的蔥油餅都是現擀、現炸，起鍋後塗上醬油和辣醬，就可以趁熱享用囉！

老闆先將麵團擀成薄餅後再下鍋，高溫油炸讓餅皮變得相當酥脆，裡面的雞蛋熟度恰到好處、蓬鬆軟嫩，整張蔥油餅是外酥內軟，味道與口感都十分到位，讓布咕先生一拿到蔥油餅，就迫不及待地站在攤位旁吃了起來。

INFO

地址：新北市板橋區漢生東路 279 巷口
營業時間：14:00 ～ 19:00（週日休）
推薦：蔥油餅加蛋

手作的樸實味道—石頭肉圓

　　位於文化路二段的石頭肉圓，雖然隱身在捷運江子翠站附近的巷弄中，但其名號可是相當響亮，只要詢問當地人，總是會聽到不錯的評價。店內除了肉圓之外，還有麵食、湯品與小菜等，選擇較一般肉圓店來得多，比較像是傳統的麵店，但布咕先生就是為了店家的肉圓而來。

　　肉圓的外皮口感 Q 彈，內餡有常見的瘦肉與去除水分的筍絲，最特別的是還多了一顆滷過的鵪鶉蛋，淋上獨門的甜辣的醬汁，整體來說，肉圓的分量不算少，內餡也非常扎實，一份價格 30 元，相當經濟實惠唷！

INFO

🏠 地址：新北市板橋區文化路二段 410 巷 11 號
📞 電話：（02）2251-2473
🕐 營業時間：12:00 ～ 20:30（週日店休）
⭐ 推薦：肉圓

新北市

三重區

蘆洲區

新莊區

板橋區

中和區

永和區

⑤ 夜市飄香人氣小吃──好味道臭豆腐

這間臭豆腐原本位於湳雅夜市的巷弄中，是以棚架搭建而成的開放式攤位，但是聞香而至的人潮並沒有因此減少；現在店家搬離夜市、遷移至大觀路一段的店面繼續營業，每天依舊是座無虛席。

擁有店面的好處是可以遮風避雨，更能好好享用美食，而不管是內用或外帶，點餐方式都是先自行填寫單子，交給店家等待叫號，等候時間粗估至少要半小時至一小時。

臭豆腐的表皮炸得金黃酥脆，特殊的香氣四溢，豆腐裡面布滿氣孔，搭配甘醇鹹香、帶點微甜的醬油膏，吃起來不油不膩，真可說是人間極品呀！必須留意的是這裡的辣椒醬相當辣，千萬不要加太多，不然可是會辣到受不了唷～

▶ INFO ◀

🏠 地址：新北市板橋區大觀路一段 3 號
📞 電話：（02）2960-8363
🕐 營業時間：15:30 ～ 23:00

157

菜市場的傳統炸雞──福德街無名炸雞

在福德街與文昌街口的這間炸雞店，賣的不是連鎖店常見的那種炸雞，而是菜市場裡的傳統炸雞，等長排的隊伍終於輪到布咕先生時，攤位上的炸物幾乎被掃購一空，只剩下為數不多的選擇。

買了幾支雞翅嚐鮮，咬一口剛炸好的雞翅，外皮酥脆，肉質香嫩多汁，完全沒有油膩感，油炸的溫度及時間都掌握得非常好，讓脆皮內的雞翅保留了雞肉的原味，一點都不乾柴，加上剛起鍋的溫熱口感，真的會讓人一口接著一口，愛不釋手。

INFO

🏠 地址：新北市板橋區福德街 2 號
🕐 營業時間：06:00 ～ 12:00
➤ 推薦：雞翅

7 鮮嫩多汁的炸雞—阿元的炸雞

　　位在重慶路上的這間炸雞店，首先吸引布咕先生的是它的價位，一份雞排竟然只賣25元，這根本是市面上不可能看到的價格，不意外來到這裡需要排隊等候，據說不下雨時隊伍排得更長啊！

　　這裡的雞腿、雞翅全都是現點現炸，雞翅一支15元，雞腿則為30元。以雞翅來說，店家使用的粉漿與一般的濕粉不太一樣，不會緊黏整個雞翅，脆皮與雞肉之間存在一點縫隙，也因此讓肉汁得以完整保留在這個空間，吃起來特別鮮嫩多汁。

　　雞排的部分也同樣保有豐富的肉汁，外皮僅薄薄的一層，口感非常酥脆，雞肉的熟度拿捏得剛剛好，肉質軟嫩多汁，正是美味的關鍵，若炸過頭使肉汁流失，雞排就無法這麼好吃了。

INFO

🏠 地址：新北市板橋區重慶路295號
📞 電話：0921-896-478
🕐 營業時間：15:00～19:00（售完為止）
⭐ 推薦：雞翅、雞排

⑧ 甜蜜蜜消暑冰品─嘉義粉條冰

　　這間位於陽明街上的嘉義粉條冰，在夏天可說是超人氣的排隊逸品，雖說店家的營業時間至晚間六點，但經常還未到下午四點就已經賣光了，這裡的粉條冰在布咕先生心目中亦是無庸置疑的第一名。

　　店家的主打就是粉條冰，玻璃冷藏櫃內白皙晶瑩的粉條讓人口水直流，可選擇單一配料或是綜合口味，一律都是 50 元，最後布咕先生點了珍珠粉條冰；本來認為一碗 50 元的價格有點偏貴，端上桌後才驚覺分量相當多，甚至兩個人一起吃也沒問題。

　　立刻嚐一口，粉條吃起來 Q 彈有勁，咕溜滑嫩的口感，剛吃進嘴裡就直接滑到喉嚨裡了，搭配帶有嚼勁的粉圓，可說是相輔相成。另外，布咕先生最愛的就是店家的糖水，喝起來甜蜜蜜的味道，非常清涼消暑，布咕先生還特別請教了老闆，為什麼店裡的糖水特別美味？老闆說這可是使用二砂熬煮三個小時以上才有的味道，真的是上了一課呀！

INFO

🏠 地址：新北市板橋區陽明街 293 號
📞 電話：（02）2259-8387
🕐 營業時間：10:00 ～ 18:00

夜貓子的好去處—新北市立圖書館

座落於捷運板南線亞東醫院站附近的新北市立圖書館（總館），是 104 年才正式營運的大型圖書館，從 3 號出口沿南雅南路二段直行，右轉貴興路即可抵達。

新的總館共有 10 個樓層，最大的特色就是部分樓層為 24 小時開放，亦是國內唯一全天開放的公立圖書館，不論是藏書或多媒體影音資料均相當豐富。

二樓主要為閱覽區，提供數百種的期刊、雜誌以及報紙，樂齡區還設有報紙閱讀機，可直接在螢幕上放大字體閱讀，不必彎腰駝背、低著頭看報，相當貼心。

三樓則是親子兒童區，這裡有巨型的投影繪本，書架的設計也配合小朋友的身高，還能至櫃檯借積木和玩具。

四樓以上的館藏除了一般的紙本書籍，更有青少年最愛的漫畫與視聽區，設置有公用電腦，只要利用借閱證預約，就可舒舒服服地坐在沙發上欣賞電影，在這裡待上一整天都不會無聊。

INFO

新北市立圖書館：http://www.library.ntpc.gov.tw/

🏠 地址：新北市板橋區貴興路 139 號

🕐 開放時間：1F•4F｜週一～日，24 小時（各樓層詳細開放時間請查詢官網，每月最後一個週四及國定假日休館）

⑩ 創意和菓子文化形象館—手信坊

　　三叔公食品為國內知名的製菓世家，其位於土城的觀光工廠坐落在國道三號旁，由中和交流道下出口匝道接中正路，左轉連城路後直行接金城路，再左轉明德路至國際路即可抵達，仿日式風格的文化館並可體驗和菓子 DIY，相當適合親子前往參觀。

　　穿過入口處的鳥居就可感受到濃濃的日本風情，通往室內展區的櫻花步道上擺設了許多傳統的器物以及日本童玩，一旁也有大型的手信坊 Q 版人偶可供拍照。逛完展示區還可到伴手禮區試吃，若是覺得不錯再購買，在整個導覽解說結束後，接著前往二樓教室進行我們的 DIY 時間。

　　體驗的項目是綠豆糕與草莓大福，這裡的 DIY 非常適合小朋友，首先把雙手洗乾淨，再戴上手套，製作綠豆糕相當簡單，只要把粉料倒入模具中壓緊，取出後就完成囉！草莓大福則是先將麻糬外皮鋪在模型裡，然後擠入草莓慕斯，再加上水果和一小塊蛋糕，最後把麻糬外皮往上包覆，放上塑膠紙後倒轉取出即大功告成！

▶ **INFO**

手信坊創意和菓子文化形象館：http://www.3ssf.com.tw/factory/

🏠 地址：新北市土城區國際路 55 號

🕐 開放時間：08:30 ～ 19:00

新北市
中和區

原汁原味的台式炸雞—皇家炸雞

　　位於勝利市場的皇家炸雞是屬於台式的傳統炸雞，主要販售雞腿、雞翅、雞塊、棒棒腿及紅糟肉等，價格還算蠻實惠的，是在地人推薦的排隊美食。這裡有個特殊的景象，只要接近炸物起鍋的時候，攤位旁邊就會陸續聚集不少人群，等炸物一出爐，人潮馬上蜂擁而至，大家彷彿有偵測器一般。

　　若是沒有人排隊先不要開心得太早，通常是炸物已經賣完，還要再等下一輪，布咕先生差一點又要落空，所幸最後買到想吃的雞翅。店家沒有使用過多的醃料，吃得出雞肉的自然鮮甜味道，飽滿的肉汁、軟嫩的口感，原汁原味的雞翅，熟度炸得剛剛好，頗具獨特風味唷！

INFO

🏠 地址：新北市中和區新生街 266 巷 3 號
🕐 營業時間：08:00 ～ 12:00
⭐ 推薦：雞翅

② 在地人熟悉的味道—廟口無名炭烤

　　位於廣濟宮附近的這個燒烤攤，在晚上營業時間經常都有許多排隊等候的人潮，店家的食材種類眾多，不過未標示價格，在選購之前不妨先詢問老闆。挑選好食材後，就依序加入排隊等候的行列，依布咕先生以往的經驗，等候時間大概是半小時左右，不過人多的時候，等待的時間可能會更久唷！

　　這次買的種類不多，僅挑了甜不辣與雞腿，甜不辣雖然有點兒烤焦，但口感酥脆，搭配店家特製的醬料，整體味道還算不錯；雞腿則是先整隻下去炭烤，等熟了之後再切塊，水分沒有流失，吃起來不會過於乾柴，肉質仍然相當軟嫩。各種食材的火侯掌握得非常好，值得一試！只是要有久候的心理準備。

INFO

🏠 地址：新北市中和區廣福路 71 巷口
📞 電話：0922-542-988
🕐 營業時間：18:00 ～ 01:30
⭐ 推薦：雞腿、甜不辣

③ 酸辣醬汁超開胃─重慶抄手麵食

　　若是和布咕先生一樣喜愛抄手的朋友，那就不能錯過這間位於新生街的重慶抄手麵食，店內販賣的餐點以抄手和麵類為主，也有小菜及湯類可作搭配；用餐座位分為室內空間與戶外的騎樓，因為室內裝設有電視機，相較之下當然還是以室內為優先選擇。

　　紅油抄手麵上桌後，先將麵條和抄手的醬汁充分拌勻，辣度不至於難以入口，吃起來帶點酸與微辣的口感，讓人胃口大開，抄手的大小為一般尺寸，配上醬汁的味道十分不錯。

　　鮮菇雞麵的分量不少，配料有香菇、竹筍與雞塊，湯頭滋味清爽鮮甜，較為特別的是原以為雞肉會採水煮方式，但實際搭配的卻是炸雞，推薦給偏好清淡口味的朋友。

INFO

⌂ 地址：新北市中和區新生街165號
☏ 電話：（02）2223-5486
⊙ 營業時間：11:00～21:30（週日店休）
★ 推薦：紅油炒手麵

新北市
三重區
蘆洲區
新莊區
板橋區
中和區
永和區

4 外酥內嫩又多汁——蕭家下港脆皮臭豆腐

　　聽說在廟美街上的這間臭豆腐經常大排長龍，但布咕先生造訪的當天正逢下雨，運氣非常好不需要排隊。店家主要是賣臭豆腐，也有麻辣鴨血、冬粉等具有飽足感的餐點，一到店門口就看到油鍋中正炸著豆腐，立刻就點了一份臭豆腐。

　　每份有三塊臭豆腐與少許泡菜，上桌前老闆會先在臭豆腐中間挖個洞，將蒜蓉醬油膏加入其中，讓臭豆腐充分吸收醬汁的味道。臭豆腐的外皮炸得金黃酥脆，一口咬下，裡面卻是濕潤富有湯汁的口感，搭配一旁酸甜的泡菜，真的是相當美味；吃的時候要小心，以免湯汁噴濺而燙傷，推薦大家一定要來嚐嚐。

INFO

🏠 地址：新北市中和區廟美街 11 號
📞 電話：（02）2249-2487
🕐 營業時間：15:30 ～ 23:00

5 加湯不加價—大胖肉焿

　　在光華街上的這間大胖肉焿，不管晴天或是雨天，店外總是排著長長的人龍，為的就是店家美味又實惠的傳統小吃。

　　店內只提供四種小吃——炒麵、炒米粉、肉焿及滷蛋，餐點送上桌時，炒米粉上面鋪滿一層油亮的肉燥，乍看之下讓人以為是滷肉飯，米粉本身已先用豬油和醬油炒過，再配上肉燥，味道非常豐富；肉焿湯裡面給的料不少，肉焿吃得到豬肉的口感與鮮甜，再喝一口以柴魚熬製、加上蒜頭提味的湯，整體味道相當特別，卻不會相互搶味。

　　以現在的物價，要找到一碗 35 元的肉焿真的不容易，這樣的價格與味道，十分推薦大家來嚐鮮！

INFO

🏠 地址：新北市中和區光華街 13 號
📞 電話：（02）2248-0874
🕐 營業時間：06:00 ～ 14:00
⊕ 推薦：肉焿

⑥ 意外的美味絕配—鼎鮮飯麵

鼎鮮飯麵位於四號公園的國立臺灣圖書館旁，店內提供不少麵、飯類餐點，其中還有幾樣較為少見的菜色，布咕先生就點了一道不常見的番茄豬肉醬泡菜牛肉飯與菜肉紅油炒手來嚐鮮。

番茄豬肉醬泡菜牛肉飯就是肉醬飯加上泡菜牛肉，肉醬中還能看到切碎的番茄末，用料可說是非常實在，嚐一口微酸的韓式泡菜，搭配特製的番茄豬肉醬，意外的美味絕配，牛肉則是選擇滷到軟嫩好入口的牛腱，而非薄薄的牛肉片，味道也相當不錯。

在菜肉紅油抄手的部分，與其他店家不同之處在於並非使用小顆餛飩，而是選用大顆的菜肉餛飩，內餡飽滿且扎實，醬料則是以麻醬為基底，每一口都吃的到韭菜與肉餡的味道，十分具有飽足感。

INFO

🏠 地址：新北市中和區中安街 58 號
📞 電話：（02）2929-1531
🕐 營業時間：11:30 ～ 21:00
✪ 推薦：泡菜牛肉飯、菜肉紅油抄手

在地人都推薦的老店—巨鼎鍋貼專賣店

　　位於中和路上的巨鼎鍋貼，是許多在地人都推薦的老店，在室內與騎樓都設有座位，但室內並未裝設空調，夏天到這裡用餐可能會覺得較為悶熱，店家就只專賣鍋貼和酸辣湯，鍋貼每個 5 元、酸辣湯一碗 20 元。

　　布咕先生點了幾個鍋貼嚐鮮，底部煎得金黃酥脆的鍋貼，用筷子夾起時覺得內餡彷彿就快要從開口處露出，以高麗菜和絞肉製成的內餡清甜有味，甚至不用沾醬也很夠味，絞肉處理的相當好，完全沒有腥味的問題。

▶ **INFO** ◀

🏠 地址：新北市中和市中和路 94 號

📞 電話：（02）2248-9608

🕐 營業時間：06:30～19:30（週二店休）

⭐ 推薦：鍋貼

賞景夜拍的好所在─烘爐地

　　想要將大臺北的美麗夜景及臺北 101 的高聳身影盡收眼底，就不能不知道中和的烘爐地，順著興南路二段 399 巷往上，途中經過幾個髮夾彎後，即可抵達遠近馳名的烘爐地南山福德宮，此地設有機車停車場與汽車停車場，在登上階梯前或是待會兒的賞景處都有商店，沒帶水的人這時不妨先去商店買瓶水，為爬階梯登山做準備。

　　登上階梯就能通往觀賞夜景的所在，走了一段路之後，在左手邊可看到一尊高大的土地公像，雖然此時距離賞景處還有一段不小的距離，但建議稍作休息再繼續前進，才不至於氣喘吁吁。這裡最累人的就是有一大段看似漫無止盡的上坡階梯，大概需要走20 〜 30 分鐘才能抵達目的地，記得要隨時補充流失的水分。

　　經過半小時的登山洗禮後，就來到另一處宮殿，宮殿外的觀景臺亦有商店及販賣機，可以購買飲料、餅乾來補足剛才消耗的體力。

隨著時間的流逝，夕陽餘暉緩緩降下，當太陽下山後，月亮慢慢升起，家家戶戶點起了燈，眼前的景色也在燈光的陪襯下，漸漸轉為絢爛的夜景，同時，在觀景臺駐足的人也愈來愈多，真可説是愈夜愈美麗啊！

▶**INFO**◀

南山福德宮：http://www.hunglodei.org/

🏠 地址：新北市中和區興南路二段 399 巷 160 之 1 號

新北市
永和區

1 臺灣第一香
2 嘉家廚房
3 何鎮有純手工湯圓豆花
4 惡燒肉弁当（永和文化店）
5 家鄉園
6 金品芙蓉（永和中興店）
7 極味棧（永貞分店）
8 北斗肉圓
9 海爺四號乾麵店（永和店）
10 金八式豬排專賣店

懷舊古早味—臺灣第一香

　　這攤香雞排位在樂華夜市附近的永和路上，隨時都是人潮滿滿，下雨天也要等 20 分鐘，更不用說平常要等多久了。販售的品項就寫在隔板上，因為使用的時間久了，其實已經看不太清楚，建議可直接詢問老闆。

　　布咕先生點了甜不辣與雞排，甜不辣炸到膨脹呈金黃色，吃起來口感外酥內軟；雞排與一般連鎖店的不同，屬於古早味雞排，外皮沾裹的是地瓜粉，完整地鎖住裡面的肉汁，吃起來不乾不柴，保留了小時候的懷舊味道。

INFO

🏠 地址：新北市永和區永和路一段 93 號
🕐 營業時間：17:00 ～ 00:30
　　　　　　　　（週一、週四、週日休）
⭐ 推薦：雞排

料多味美的炒泡麵─嘉家廚房

　　在永貞路上的這間嘉家廚房，用餐環境算是相當整潔乾淨，並且裝設有電視和空調；店內主要是賣炒麵、炒飯、炒米粉，最特別的是還有炒泡麵。

　　布咕先生點了咖哩雞肉炒麵，餐點送上桌時有點被嚇到，分量相較於其他店家真的相當多，尤其是那座堆成小山的高麗菜。

　　咖哩的味道嚐起來具有層次，不是只有淡淡的咖哩味，而且味道有滲進麵裡，再加上滿滿的高麗菜與其他配料，飽足感瞬間飆升，非常推薦大家來一試！

▶ INFO ◀

🏠 地址：新北市永和區永貞路168號
📞 電話：（02）2925-9772
🕐 營業時間：11:30 ～ 20:30
⭐ 推薦：咖哩雞肉炒麵

手工爆漿芝麻湯圓—何鎮有純手工湯圓豆花

位於竹林路巷弄內的這間手工湯圓店，在布咕先生心中的排名是數一數二，只是店家的位置較不顯眼，店面呈現凹字型格局，視線被旁邊的房子遮蔽，很容易就會錯過。

店內主要是賣豆花、紅豆湯，以及冬天不可或缺的鹹、甜湯圓，布咕先生點了花生湯芝麻湯圓，一份共有 4 大顆芝麻湯圓，一口咬下，滿滿的芝麻餡瞬間湧現，就像瀑布一般宣洩流出，吃起來帶有濃厚的芝麻香，非常推薦；整鍋花生湯是以慢火燉煮而成，飄散著濃郁的香味，不像有些店家是將花生仁加進糖水裡，整體而言，不管是湯圓或是湯底的表現都相當不錯唷！

INFO

🏠 地址：新北市永和區竹林路 66 巷 15 號
📞 電話：（02）2923-3783
🕐 營業時間：09:00 ～ 19:00（週六店休）
🔄 推薦：花生湯、芝麻湯圓

④ 無法言喻的美味—惡燒肉弁当

　　在文化路上的這間弁当店，每到用餐時間總是人超多，店家只賣五種弁当——一番豚、極牛、惡雞、炙燒鯖魚及贅沢牛咖哩，這裡的弁当屬於燒肉飯，除了主菜之外，還有三樣配菜，搭配粒粒分明的香 Q 米飯一起吃，真是令人銷魂啊！

　　布咕先生點的是極牛燒肉弁当，白飯上鋪剛滿烤好的培根牛肉片，再放上高麗菜、玉米筍與半顆溏心蛋，配菜的掌握度相當不錯，高麗菜爽脆、玉米筍清甜，而糖心蛋口感滑嫩；回過頭來看看弁当的主角，使用大片的培根牛肉，以店家獨門的鹹甜醬料燒烤，肉質不柴不膩，美味的油脂噴香下飯。

▶ INFO ◀

🏠 地址：新北市永和區文化路 82 號
📞 電話：（02）3233-2766
🕐 營業時間：11:00 ～ 14:00，17:00 ～ 21:00
⭐ 推薦：極牛燒肉弁当

⑤ 巷弄裡的老店──家鄉園

　　在復興街上的這間刀削麵店可說是老店級的麵館了，光是從店面的外觀就可一窺其歷史，店內主要是賣北方麵食，像是牛肉麵、水餃、蔥油餅及牛肉餡餅等，還能看到工作人員正在一旁製作這些手工麵餅，並非使用工廠大量製作的半成品。

　　外皮煎的焦黃酥脆的蔥油餅吃進嘴裡，香味在整個口中散開，麵香加上蔥香，純手工製作果然非一般所能比擬；牛肉湯餃的湯頭有種熟悉的味道，有點像泡麵，但又比泡麵的味道更具層次，讓人忍不住一口接著一口；水餃的個頭不小，每一顆都渾圓飽滿，內餡滋味亦不錯，非常推薦這裡的蔥油餅與牛肉湯餃唷！

INFO

🏠 地址：新北市永和區復興街 87 號
📞 電話：（02）2925-7769
🕐 營業時間：11:30 ～ 14:30
　　　　　　17:30 ～ 20:30
　　　　　　（週日店休）
✿ 推薦：蔥油餅、牛肉湯餃

純手工黑糖豆花──金品芙蓉

　　在中興街上的這間豆花店是從攤車起家，店家主打的就是純手工豆花，靠著這一味擄獲了不少饕客的心。整個店內的環境較為狹窄，扣除點餐的吧檯，內用的座位並不多；店家販售的品項相當多樣化，光是豆花就有多種口味，真是讓人看得眼花撩亂，每樣都想嚐一嚐。

　　各種口味的豆花都可選擇三樣配料，推薦吃起來口感 Q 彈的黑糖粿，以黑糖水浸泡非常入味，這裡的豆花或許沒有細緻光滑的外表，卻是實實在在的手工豆花，搭配黑糖水特有的香氣，吃完之後暑氣全消。

INFO

🏠 地址：新北市永和區中興街 106 號之 1
📞 電話：（02）8921-5100
🕐 營業時間：週一～六，11:00～23:00
　　　　　　週日 11:00～22:00
⭐ 推薦：黑糖豆花

⑦ 怪味紅油抄手—極味棧

　　聽說位於永貞路上的這間極味棧，有著與眾不同的怪味抄手，到底有多怪？快跟著布咕先生一起去嚐鮮吧！店內的整體環境還算不錯，簡單的裝潢整潔明亮，雖然主要的麵食類餐點價位偏高，但是有許多非常特別的菜色，在市面上從未見過。

　　拿怪味抄手來說，端上桌時抄手被滿滿的綠色醬料所淹沒，先拌一拌後再嚐一口，發現這味道其實就像是加了蘿勒醬的紅油抄手，將中西式口味合併，可謂獨具創意，不過調味還是以紅油為基底，是偏辣的口感唷！

　　紅燒獅子頭湯在其他店家也較為少見，因為獅子頭做起來耗時費工，吃上一口，豬肉的鮮甜味在口中散發出來，完全沒有腥味，湯頭也相當清甜，推薦大家來此一定要點一份試試。

INFO

🏠 地址：新北市永和區永貞路 21 號
📞 電話：（02）2920-6936
🕐 營業時間：11:00 ～ 21:00
🔴 推薦：怪味炒手、紅燒獅子頭湯

8 脆皮芋頭肉圓—北斗肉圓

新北市

三重區

蘆洲區

新莊區

板橋區

中和區

永和區

在永貞路上的這間北斗肉圓,店家主打的就是肉圓,另外還供應四種湯品,與其他店家最大的不同之處,在於除了一般的肉圓之外,還有一種外皮略呈紫色的肉圓,也就是全臺獨創的芋頭肉圓。

這裡使用的肉圓醬料為醬油搭配甜辣醬與蒜泥,肉圓的內餡有事先調味過,吃起來口感軟嫩、味道不錯;芋頭肉圓不只內餡包有芋頭,連外皮製作也加入芋頭,讓整顆肉圓呈現淡淡的紫色,嚐起來帶有淡淡的芋頭香,非常特別。

INFO

🏠 地址:新北市永和區永貞路 309 號

📞 電話:(02)2929-8330

🕐 營業時間:10:00 ～ 21:00

⭐ 推薦:肉圓

⑨ 嗆辣紅油皮蛋—海爺四號乾麵店

在秀朗路上的這間四號乾麵店可說是遠近馳名，每到用餐時間絕對是擠滿人潮，店內主要是賣炒麵、炒飯，以及其他的麵飯類，看起來都是一些家常口味，但其中也有幾道是別的店家所沒有的菜色。

布咕先生最推薦的就是紅油皮蛋麵，餐點上桌時隱約可在醬料中看到皮蛋的蹤影，嚐上一口，皮蛋與肉末再加上紅油的香氣，融合成相當獨特的味道，是別處所吃不到的，若是喜歡皮蛋的人一定會愛上這滋味。

另外，大家一定都很好奇什麼是四號乾麵？其實就是麻醬加上紅油皮蛋的醬汁，但混合後的味道反而失去層次感，還是比較推薦紅油皮蛋麵。

▶ INFO ◀

🏠 地址：新北市永和區秀朗路一段 102 號

📞 電話：（02）2231-5196

🕐 營業時間：12:00 ～ 14:30

　　　　　　17:00 ～ 20:00（週日店休）

⭐ 推薦：紅油皮蛋麵

⑩ 創意豬排飯─金八式豬排專賣店

　　這間豬排專賣店在民生路的秀朗國小旁，設有室內及室外的用餐區，室內雖有空調，但座位數相當少，室外的用餐區則是位於騎樓。店內主要是賣豬排飯、雞排飯和柳葉魚飯，餐點的份量不小，女生可能會吃不完。

　　等了一陣子，布咕先生點的茄汁雞排飯終於上桌了，配菜很簡單，三樣菜加一個荷包蛋，厚實的雞排堆疊在白飯上，像一座小山丘似的，目測至少有 5 ～ 6 塊雞排，酥脆的雞排搭配酸甜的茄汁，讓人愛不釋手。

▶ INFO ◀

🏠 地址：新北市永和區民生路 6 號之 1
📞 電話：（02）2942-5489
🕐 營業時間：11:00 ～ 15:00
　　　　　　17:30 ～ 20:00
⭐ 推薦：茄汁雞排飯

新北市

三重區

蘆洲區

新莊區

板橋區

中和區

永和區

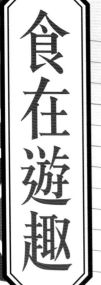

食在遊趣

滿月圓國家森林遊樂區｜三峽老街

位於新北市三峽區的滿月圓國家森林遊樂區,從三峽老街前往大概 40 分鐘左右的路程,經大埔路(台 7 乙線)左轉北 114 線後直行即可抵達,途中還會經過許多景點,如大板根、花岩山林等。進入滿月圓園區需購票,假日全票是 100 元,半票為 50 元,新北市市民憑證明文件可享有半票優惠唷!

遊園路線分為健行步道與自導式步道,健行步道較為平緩,沿著溪谷而行,到後半段才會有一些階梯,而自導式步道多為階梯式上坡,沿著柳杉林而上,走到底為東滿步道的入口及滿月圓瀑布,大家可依自己的體力及喜好選擇想走的路線。

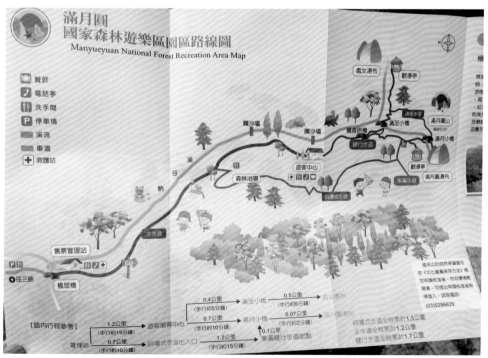

入園後的主步道為平坦的石子路，布咕先生造訪時正在興建新的遊客中心而搭起圍籬，一旁是溪谷流水，遇到岔路均有清楚的指標，布咕先生決定由自導式步道拾級而上，回程再改走健行步道，完成一個 O 型路線。

　　自導式步道雖然較為耗費體力，但是相對的遊客較少、比較寧靜，能悠閒的欣賞大自然之美；約 20～30 分鐘就能抵達滿月圓瀑布，可由連接步道繼續往處女瀑布前進，途中會走過滿月小橋，可在此欣賞溪谷景色。

▲ 滿月圓瀑布

▲ 處女瀑布

抵達平臺處就到了處女瀑布，這裡的水量比滿月圓瀑布來得多，更加壯觀，旁邊同樣設有觀瀑亭，可至涼亭內近距離欣賞瀑布、吸收負離子並稍作休息。週末這樣外出走走，讓人得以釋放累積的一週工作壓力，走完整個園區大概需要 2 小時，若是肚子餓了，可以在遊客中心先買點東西墊墊胃，回頭再到三峽老街品嚐美食。

INFO

滿月圓國家森林遊樂區

地址：新北市三峽區有木里 174-1 號

開放時間：週一～五，08:00 ～ 17:00
　　　　　週六～日，07:00 ～ 17:00

門票：假日 100 元，非假日 80 元，半票 50 元

三峽老街：http://www.sanchiaoyung.com.tw/?Lang=zh_TW

食在遊趣

三峽老街的建築立面以羅馬拱門、古希臘柱式及巴洛克裝飾，建構出歐風的街道樣貌，融合了西洋、日式及中國文化，當地最具盛名的伴手禮——金牛角，從傳統的麵包發展出各式各樣的口味，甚至還有創新的金牛角霜淇淋，兼具傳統與創新的特色，也正好和三峽老街相互呼應；此外，老街上有更多美味的傳統小吃，像是鄭記古早味豬血糕、三角湧養生滷味等，完全不必擔心會餓著，待填飽肚子後就可以踏上返家的歸途囉～

INFO

福美軒
🏠 地址：新北市三峽區信義街 25 號
📞 電話：（02）2671-1315
🕐 營業時間：08:00 ～ 18:00（週一店休）
⭐ 推薦：牛角麵包

康喜軒
🏠 地址：新北市三峽區民權街 44 號
📞 電話：（02）2671-1767
🕐 營業時間：08:00 ～ 20:00
⭐ 推薦：牛角冰淇淋

鄭記古早味豬血糕
🏠 地址：新北市三峽區民權街 87 號
🕐 營業時間：10:00 ～ 18:00（週二店休）

② 熊空茶園｜三峽染工坊

　　熊空茶園位於新北市三峽區的群山之中，可說是一處遠離都市塵囂的世外桃源，從三峽老街可經由竹崙路（北 109 線）前往，道路後段彎曲狹小，甚至還有幾個髮夾彎，大約需 40 ～ 50 分鐘的車程。整座熊空茶園占地廣闊，總面積約為七個大安森林公園的大小，園區分為有機區（茶園、果園、菜園及桂竹林）與柳杉區兩部分。

園區內主要有柳杉親水步道、觀景平臺、茶園步道、環山步道、果園及櫻花林等，在這裡可充分感受大自然的靜謐之美，同時，隨著季節的變化，在不同時節造訪還能看到不一樣的美麗景致，春天有桃花、李花相伴，秋天則有染紅的楓葉為大地增添鮮豔的色澤。

　　入口處的遊客中心除了販賣自家種植的有機茶葉、果醬及農產品外，也提供餐點與茶類飲品，要是走累了，不妨在此買杯茶飲，與家人、朋友至觀景平臺休憩，聊天、賞景，短暫逃離都市的煩擾喧囂，度過悠閒的時光。

　　逛完熊空茶園若是還有時間，可到三峽老街旁的三峽染工坊體驗藍染 DIY。三峽的舊名為三角湧，早年是染料植物馬藍的主要產地，且該地具備染布時所需的清澈水質，染後的布匹運到萬華銷往外地也相當便利，使三峽成為當時染布業的中心。

　　三峽染工坊的藍染 DIY 提供了各式布料，從大小方巾、束口袋到 T 恤皆有，體驗價格由 200 ～ 800 元不等（依材料而異）。拿到材料後，DIY 教室的講師會解說如何運用冰棒棍、筷子、夾子或是橡皮筋來綑綁布料、設計圖案，此時是藍染最重要的步驟，將會影響到最後的作品呈現。

　　綁好布料後，穿上圍裙與手套，就即將要展開染布的過程，首先將布料浸至清水，完全浸濕再擰乾，然後浸泡於染缸中，此時要不停地翻動布料，讓整個布料的內部都能吸收染料。大家一定會有疑問，藍染不是應該呈藍色嗎？怎麼染缸裡會是綠色的？其實關鍵就在下個步驟。

拿出布料擰乾，一層層攤開至陽光下，使染料接觸空氣氧化，此時顏色就會由綠轉藍，以上動作重複進行三次後，便可將綑綁於布料上的夾子與橡皮筋等器具拆下。

作品完成了，初次體驗還蠻像一回事的，將成品晾在陽光下曬乾，先去老街附近逛逛，吃碗山泉水手工豆花，該店標榜以開水製冰，豆花口感綿密且帶有黃豆香氣，粉圓也相當的Q彈，是夏日消暑的好選擇，吃完豆花別忘了至藍染工坊取回作品唷～

熊空茶園
🏠 地址：新北市三峽區竹崙里竹崙路 238 號
📞 電話：（02）2162-1710
🕐 開放時間：09:00 ～ 17:00
門票：100 元
GPS 坐標：24.524238,121.274490

三峽染工坊：http://www.sanchiaoyung.org.tw
　　　　　　/front/bin/ptlist.phtml?Category
　　　　　　=100073
🏠 地址：新北市三峽區中山路 20 巷 3 號
📞 電話：（02）8671-3108
🕐 開放時間：10:00 ～ 16:00（週一休），週末
　　　　　　開放 DIY 體驗，平日接受團體預約

山泉水手工豆花
🏠 地址：新北市三峽區民生街 149 號
📞 電話：（02）2672-1669
🕐 營業時間：09:00 ～ 22:00
⭐ 推薦：豆花

③ 九份老街｜昇平戲院｜黃金博物館｜金瓜石神社

　　位於臺灣東北角的九份、金瓜石，早年因開採金礦而繁榮，然而在礦產逐漸減少後，九份也開始沒落；直到侯孝賢導演於九份拍攝的電影《悲情城市》獲得威尼斯影展最佳影片，九份再度成為深受國內外遊客喜愛的觀光景點，每逢假日必定塞車。

　　九份以三橫一豎的四條街道為主，三橫指的是基山街、輕便路與汽車路，一豎是貫通這三條街道的豎崎路，可在捷運忠孝復興站搭乘基隆客運 1062 路線前往，或是搭乘火車至瑞芳車站再轉乘公車，下車後可從 7-11 旁的舊道口進入老街，怕迷路的人順著主要街道走即可，若是想看看不一樣的九份，走進岔路探險亦是不錯的選擇。

　　老街中有許多商店與攤販可細遊慢逛，其中不能錯過的是阿蘭芋粿草仔粿，熱騰騰的現做芋粿，加上各式鹹甜口味的草仔粿，是絕佳的伴手禮；來到九份，另一項不可錯過的小吃就是芋圓，布咕先生推薦阿柑姨與賴阿婆，這兩間店家的芋圓各有春秋，賴阿婆的芋圓口感較具有彈性，喜歡香軟口感，想要邊吃芋圓邊賞景，不妨選擇九份國小下方的阿柑姨。

吃飽喝足後就到《悲情城市》的拍攝地昇平戲院參觀，此處保留了過去放映電影的機器，週末晚上也會輪流播放以九份為背景的幾部老電影。逛完九份後，搭上 788 號公車繼續往金瓜石方向前進，過去的金瓜石為著名礦區，設有客運車站，自從停止採礦後，車站也就結束營運了，後來改建為黃金博物館的遊客服務中心，保留了舊時的回憶，也活化了整個區域。

INFO

阿蘭芋粿草仔粿

🏠 地址：新北市瑞芳區基山街 90 號

📞 電話：（02）2496-7795

🕐 營業時間：08:00 ～ 21:00

昇平戲院

🏠 地址： 224 新北市瑞芳區輕便路 137 號

🕐 開放時間：週一～五，09:30 ～ 17:00

　　　　　　週末 09:30 ～ 18:00

　　　　　　（每月第一個週一休館）

整個黃金博物館的園區相當廣闊，修建於日治時期的太子賓館，保有傳統的日式風情，庭園裡的樹木造景優美，在此散步相當輕鬆自在；進到博物館內，主要是展示昔日的採礦器具與文物，以及黃金的相關故事，更有一塊超大金磚，只要你能用單手拿起，就可以把它帶回家，只可惜實在太難啦！

逛完博物館，附近還有個金瓜石神社，是當時礦山從業員的信仰中心，由於沿途均是階梯，走到神社需要花費不少力氣，雖然遺址已不見全貌，僅存兩座鳥居、樑柱與幾盞石燈籠，但山上的視野相當遼闊，可在此稍作休息、欣賞風景。

INFO

黃金博物館：http://www.gep.ntpc.gov.tw/

🏠 地址：新北市瑞芳區金瓜石金光路 8 號

📞 電話：（02）2496-2800

🕐 開放時間：週一～五，09:30～17:00
　　　　　　週末 09:30～18:00
　　　　　　（每月第一個週一休館）

門票：80 元

阿柑姨芋圓

🏠 地址：新北市瑞芳區豎崎路 5 號

📞 電話：（02）2497-6505

🕐 營業時間：09:00～20:00

⭐ 推薦：芋圓

賴阿婆芋圓

🏠 地址：新北市瑞芳區基山街 143 號

📞 電話：（02）2497-5245

🕐 營業時間：07:00～21:00

⭐ 推薦：芋圓

野柳地質公園｜金山老街｜老梅綠石槽

　　風景秀麗的北海岸，擁有許多特殊的自然景觀，相當適合在週末規劃一日的輕旅行，由國道 1 號的大華系統交流道往萬里方向，銜接 62 號快速道路，再沿著北部濱海公路前進，即可抵達第一站的野柳地質公園。

　　園區內有許多受到海水侵蝕而形成的地質景觀，例如海蝕壺穴是石粒進入地表凹穴後，受到海水的旋轉帶動，與凹穴內部產生摩擦所形成，另外還有更多形狀奇特的岩石，看起來有如常見的生薑、菌菇、豆腐等，其他像是以人形聞名的日本藝妓、俏皮公主，臨走前別忘了與最具盛名但卻日漸消瘦的女王頭合影唷！

INFO

野柳地質公園：http://www.ylgeopark.org.tw/
content/index/index.aspx

🏠 地址：新北市萬里區野柳里港東路 167-1 號
📞 電話：（02）2492-2016
🕐 開放時間：08:00 ～ 17:00
門票：全票 80 元，優待票 40 元

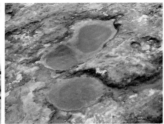

▲ 日本藝妓　　　　▲ 女王頭

食在遊趣

195

逛完野柳地質公園，差不多時至中午，就準備前往附近的金山老街覓食，到了老街必定要品嚐的就是遠近馳名的廟口美食──金山鴨肉，在這裡用餐採自助方式，建議先至店內尋找座位，然後再由其中一人負責取菜，鴨肉吃起來濕潤不乾柴，較其他店家的更為多汁，此外，也相當推薦中山路上的金山王肉包，這間店家的鮮蔥肉包味道可口，外皮 Q 軟，內餡鮮甜，亦是當地人最愛的排隊美食之一。

接下來可沿著濱海公路往淡水的方向一路順遊，除了老梅綠石槽，途中還有不少的景點，像是石門洞、風力發電廠及十八王公廟等。位於石門區老梅里的綠石槽景觀是季節限定的美景，多半出現在 4 ～ 5 月期間，形成的原因是東北季風增強時，海浪不斷拍打礁岩，讓礁岩表面保持濕潤，從而開始孳生石蓴，在春季達到高峰，形成一片綠油油的海岸景觀，但是到了夏天便會白化消失。

INFO

金山鴨肉
🏠 地址：新北市金山區金包里街 104 號
📞 電話：（02）2498-1656
🕐 營業時間：09:00 ～ 19:00
⭐ 推薦：鴨肉

金山王肉包
🏠 地址：新北市金山區中山路 237 號
📞 電話：（02）2498-5787
🕐 營業時間：05:00 ～ 15:00（週末至 16:30）
⭐ 推薦：鮮蔥肉包

⑤ 鶯歌陶瓷博物館｜鶯歌老街｜鶯歌光點美術館

在每年的 3 ～ 5 月，鶯歌陶瓷博物館都會與南投的梅農合作，推出醃脆梅 DIY 活動，可說是季節限定的限量版 DIY，有興趣的朋友不妨提前留意鶯歌陶瓷博物館的官網，以免錯過活動的報名訊息。

由國道 3 號下三鶯交流道後往鶯歌方向，沿著 110 線直行即可抵達陶瓷博物館，在集合地點完成報到手續後，就可到指定的座位上準備開始 DIY 醃脆梅啦！

每個人都會有一籃數十顆的梅子，接著在籃中放入一大匙粗鹽，便可進行主要的四個步驟，第一步先將梅子搓到出青，手法就像打麻將洗牌一樣，讓梅子裹上粗鹽，手勢不能太輕柔，要使出力量，把梅子搓到出水，製成的脆梅才會好吃。這個步驟大概要持續 15 分鐘，梅子才會開出出水，千萬別小看此步驟，這可是最費時費力的步驟，等到粗鹽因梅子出水而開始融化時，差不多就可以進行下一個步驟囉！

第二步是把梅子微微敲裂，第三步則是將梅子放入甕中，此時要注意排列整齊，不然可是會無法把甕蓋上，最後把剩下的鹽放置於甕頂，就完成了今天的 DIY。但是製作脆梅的步驟還沒結束唷！帶回家繼續鹽漬 8 小時後，將梅子取出，用水洗去上面的鹽，梅子瀝乾後改以糖漬，要重複 2 ～ 3 次才算完成唷！

　　DIY 活動結束後，可以將甕先暫放在陶瓷博物館的寄物櫃中，到館內參觀，瞭解陶瓷的起源與歷史，同時也瞭解鶯歌的人文；逛完博物館，還可驅車前往附近的鶯歌老街，逛逛老街上的鶯歌光點美學館，裡面主要是販賣琉璃、陶瓷器物及文創商品。

INFO

鶯歌陶瓷博物館：http://www.ceramics.ntpc.gov.tw/

🏠 地址：新北市鶯歌區文化路 200 號

📞 電話：（02）8677-2727

🕐 開放時間：週一～五，09:30 ～ 17:00

　　　　　　週末 09:30 ～ 18:00

　　　　　　（每月第一個週一休館）

門票：80 元

鶯歌光點美學館

🏠 地址：新北市鶯歌區陶瓷街 18 號

📞 電話：（02）2678-9599

🕐 營業時間：10:00 ～ 19:00

　　　　　　（每月第 1、3 個週二公休）

阿嬤ㄟ豆花

🏠 地址：新北市鶯歌區尖山埔路 115 號

📞 電話：（02）2670-5009

🕐 營業時間：08:00 ～ 19:00

⭐ 推薦：黑豆豆花

　　逛累了就到阿嬤ㄟ豆花店稍作休息，這裡的豆花可以挑選兩種配料，特別的是竟然有黑豆豆花，其顏色偏灰，有淡淡的黑豆香氣在口中散發，與黃豆的味道有所不同，相當值得一試唷！

食在遊趣

199

⑥ 淡水老街 ｜八里老街 ｜淡水漁人碼頭

　　淡水與八里僅一河之隔，各自擁有獨特的老街商圈，搭配渡船往返，即可規劃一趟週末的河岸輕旅行。

　　捷運淡水站 1 號出口後方的中正路即為淡水老街，外地遊客可以到 2 號出口的旅遊服務中心索取地圖喔！老街除了各式美食，還有許多具臺灣特色的商品、伴手禮，像是古早味的零食、童玩，亦有販售復古商品的柑仔店，近年來，淡水老街更聚集了許多街頭表演者，可在此聆聽歌曲或是繪製個人 Q 版畫，同時，也逐漸擴大河堤旁的綠地，讓遊客有更多的散步及休憩空間。

　　逛完淡水老街，即可走向渡船頭，搭上渡船前往下個目的地。到了對岸的八里老街，不能錯過的當地特色小吃就是雙胞胎，此外，可選擇租借自行車沿著河濱騎乘，若是帶著幼童的家庭，也有一處可讓小朋友玩耍的沙坑。

　　逛完八里老街，先搭渡船回到淡水，再換乘另一艘渡船至漁人碼頭，體驗漁港風情，若是覺得累了，不妨於碼頭附近的咖啡店點杯飲料，搭配街頭藝人的美妙歌聲，與家人、朋友一起欣賞美麗的海景、夕陽，度過優閒愉悅的午後時光。

INFO

姊妹雙胞胎

🏠 地址： 249 新北市八里區渡船頭街 25 號

📞 電話：（02）2619-3532

🕐 營業時間：09:00 ～ 20:00（週二店休）

⭐ 推薦：雙胞胎

福德坑環保復育公園│深坑老街

　　位於文山區的福德坑環保復育公園，前身是一座垃圾衛生掩埋場，整個園區面積高達 98 公頃，占地相當廣闊，由國道 3 號下萬芳交流道，往木柵路五段前進即可抵達。

　　公園內設有滑草場、人行步道、自行車道、太陽廣場與遙控飛機場等，非常適合親子同遊，其中的滑草場更是人氣超夯的休閒設施，重點是還可免費租借滑草車，是小朋友們釋放精力的最佳場所。

　　滑草場於週末開放免費使用，場內均有工作人員協助安排及安全事項，如遇天雨則會暫停開放。當然此設施不限定只有小朋友可以使用，大人也可以玩唷！可由父母陪伴小朋友共乘滑草車，啾～滑下只要短短幾秒鐘的時間，超好玩的，覺得意猶未盡嗎？沒關係，只要在開放時間內，不限次數，皆可排隊重複遊玩，但是需自行將滑草車拉上斜坡，滑草車有點重量唷！

　　除了滑草之外，公園的廣大草坪亦可以野餐，同時也是喜歡遙控飛機的朋友們展現身手的地方，可以在此恣意翱翔天空。

INFO

福德坑環保復育公園

🏠 地址：台北市文山區木柵路五段 151 號

📞 電話：（02）8230-1969

🕐 開放時間：週末，08:00 ～ 12:00，13:00 ～ 16:30

金大鼎串烤香豆腐

🏠 地址：新北市深坑區深坑街 160 號

📞 電話：（02）8662-6629

🕐 營業時間：09:00 ～ 23:00

若是玩到肚子有點餓了，從滑草場旁邊的小路直行到底，左轉 106 線便可抵達深坑老街，這裡為數最多的小吃莫過於豆腐了，在老街入口的大榕樹旁有間金大鼎串烤香豆腐，每次到訪總是人潮眾多，店家的臭豆腐相當入味，醬汁充分滲進豆腐裡頭，綜合口味的泡菜與花生粉組合，也讓整體口感更有層次。

除了著名的臭豆腐，深坑老街近年來也陸續增加了不少特色商家，像是芭樂嬌的七里香，選用放山雞所以尺寸特別大，滷製後以慢火烤至金黃酥脆，吃起來肥嫩多汁；還有兩間霜淇淋店家也都各有擁護者，澳洲霜淇淋的抹茶豆腐口味，純正抹茶配上淡淡的豆花香，相當滑順綿密，老街頭的碳燒豆腐霜淇淋則是碳燒味濃厚，兩間店家的霜淇淋口味截然不同，大家可依自己的喜好做選擇。

吃飽喝足後，還有體力的人可以再度回到福德坑環保復育公園，若是覺得累了，便可踏上返家的歸途囉！

INFO

芭樂嬌
🏠 地址：新北市深坑區深坑街 118 號
📞 電話：0918-406-171

澳洲霜淇淋
🏠 地址：新北市深坑區深坑街 61 號
📞 電話：0935-133-721

老街頭
🏠 地址：新北市深坑區深坑街 51 號
📞 電話：0911-284-146
🕐 營業時間：11:00 ～ 21:00
⭐ 推薦：碳燒豆腐霜淇淋

食在遊趣

⑧ 烏來老街｜碧潭風景區

　　新店、烏來是雙北郊區的熱門景點之一，從市區到烏來老街約 1 小時左右的車程，可於捷運新店站搭乘新店客運 849 路線，或自行開車由北宜公路（台 9 線）右轉台 9 甲線，即可抵達。老街兩旁賣的都是當地小吃與知名特產，在眾多的小吃攤裡，特別受歡迎的是山豬肉香腸；繼續往前走便是著名的溫泉街，可沿著鐵道繼續走到烏來瀑布，以及通往雲仙樂園的纜車站，逛完一圈後還可到老街上的烏來泰雅民族博物館參觀。

　　回程途中可以在桂山路轉進桂山發電廠購買冰棒，這裡的冰棒口味眾多且價格實惠，每支僅要 9 元，真材實料、物超所值。回到市區，順道至碧潭風景區逛逛，享用晚餐，這幾年來碧潭的改變非常大，西岸部分區域改為半開放式的用餐區，可一邊用餐、一邊賞景，氣氛相當不錯，還會不定期舉辦燈光秀或是水舞表演，更加讓遊客耳目一新。

INFO

雅各道地原住民山豬肉香腸
🏠 地址：新北市烏來區烏來街 84 號
📞 電話：（02）2661-7427
🕐 營業時間：11:00 ～ 20:00
✪ 推薦：山豬肉香腸

桂山冰棒
🏠 地址：新北市新店區桂山路 37 號
📞 電話：（02）2666-5675
🕐 營業時間：週一～五，08:30 ～ 17:00
　　　　　　 週末 09:00 ～ 18:00

⑨ 石碇老街│坪林茶業博物館│八卦茶園

茶在臺灣為相當重要的經濟作物之一，雙北的南港、文山、石碇、坪林等地區，多屬丘陵地形且雨量充沛，就相當適合種植茶葉，讓我們利用週末來趟找茶輕旅行，走入茶鄉的文化與歷史之中。

第一站先到石碇老街，由國道 5 號下石碇交流道往 106 乙線，右轉碇格路（北 47 線）再左轉石碇東街即可抵達。來到老街不能錯過的就是黃豆製品，如豆漿、豆腐冰淇淋等，種類眾多且味道濃郁；繼續往老街內走，有間百年石頭厝就藏在其中，完全沒有使用木材，就算是夏天，屋內依舊涼爽、不悶熱；沿著老街旁是一條清澈的溪流，裡面有許多小魚，但是水流湍急，不建議戲水。

INFO

坪林茶業博物館：http://www.tea.ntpc.gov.tw/

🏠 地址：新北市坪林區水德里水聳淒坑 19-1 號

📞 電話：（02）2665-6035

🕐 開放時間：週一～五，09:00 ～ 17:00
　　　　　　 週末 09:00 ～ 17:30
　　　　　　（每月第一個週一休館）

門票：80 元

逛完石碇老街，下一站是位於坪林的茶業博物館，為了維護品質，入內參觀需收取門票，若是新北市市民，憑證明文件可享有免門票喔！館內有各式的茶葉品種以及烘焙製茶的器具，也有關於採茶、製茶、試茶，甚至是煮茶技巧的展覽內容及體驗區，真可說是處處皆功夫啊！除了室內空間，還有一小塊的戶外區域，中式的庭園風景讓人彷彿置身書畫之中。

最後可到石碇的八卦茶園，欣賞千島湖景觀，並在茶園內喝杯飲料，稍作休息。

INFO

八卦茶園

🏠 地址：新北市石碇區北宜路六段
　　　　獅仔頭坑巷 16 號

📞 電話：0939-397-101

GPS 坐標：24.932286,121.642342

國家圖書館出版品預行編目資料

雙北巷弄隱食 ／ 布咕布咕文．攝影．-- 初版．--
臺北市：華成圖書，2018.01
　　面；　公分．--（自主行系列；B6200）
ISBN 978-986-192-315-4（平裝）

1. 餐飲業 2. 小吃 3. 臺北市 4. 新北市

483.8　　　　　　　　　　　　　　106021897

自主行系列　　B6200

雙北巷弄隱食

作　　者／布咕布咕

出版發行／華杏出版機構

　華成圖書出版股份有限公司
　www.far-reaching.com.tw
　11493台北市內湖區洲子街72號5樓（愛丁堡科技中心）
　戶　　　名　　華成圖書出版股份有限公司
　郵 政 劃 撥　　19590886
　e - m a i l　　huacheng@email.farseeing.com.tw
　電　　　話　　02-27975050
　傳　　　真　　02-87972007
　華杏網址　　www.farseeing.com.tw
　e - m a i l　　adm@email.farseeing.com.tw
　華成創辦人　　郭麗群
　發 行 人　　蕭聿雯
　總 經 理　　蕭紹宏

　主　　　編　　王國華
　責 任 編 輯　　蔡明娟
　美 術 設 計　　陳秋霞・李美樺
　印 務 主 任　　何麗英
　法 律 顧 問　　蕭雄淋・陳淑貞

定　　　價／以封底定價為準
出版印刷／2018年1月初版1刷

總 經 銷／知己圖書股份有限公司
　台中市工業區30路1號　　電話　04-23595819　　傳真　04-23597123

讀者線上回函
您的寶貴意見
華成好書養分